U1051333

第一章
儿童练习册

大脑运动会

动动手，涂一涂

要求： 请给思维导图涂上颜色。

目的： 视觉化感知思维导图的发散结构。

规则： 1. 中心图的颜色在三种（含三种）以上。
2. 主分支和后面的次级分支颜色要统一。
3. 主分支的颜色不要重复。
4. 关键图的颜色在两种（含两种）以上。
5. 涂色完毕后，试着讲出思维导图中的内容。

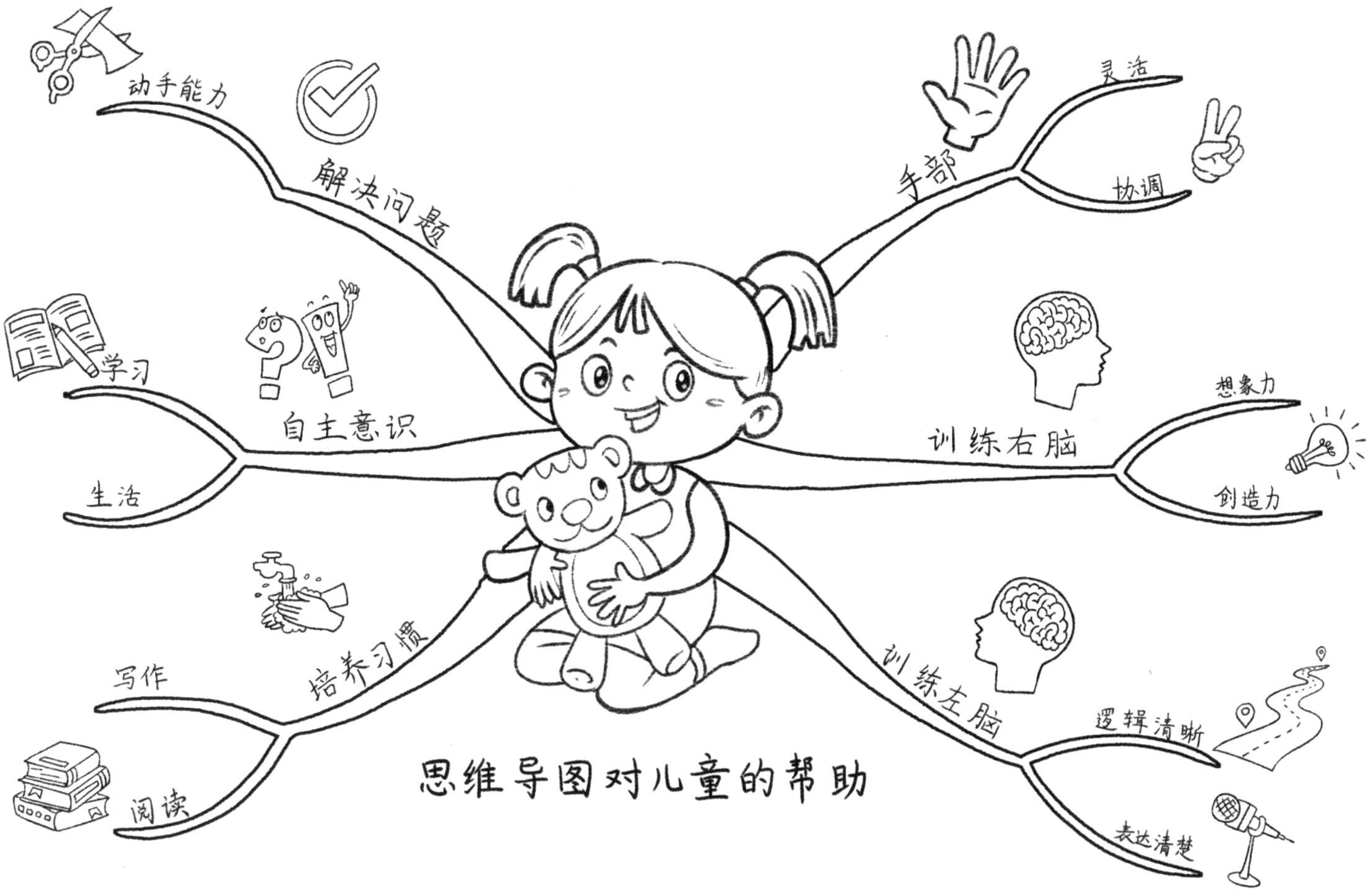

思维导图对儿童的帮助
解决问题
动手能力
自主意识
学习
生活
培养习惯
写作
阅读
手部
灵活
协调
训练右脑
想象力
创造力
训练左脑
逻辑清晰
表达清楚

我是美食家
主食
面包片
加菜
面条
手擀面
馒头
白面
海鲜
贝壳类
蛤蜊
海砺子
扇贝
鱼
鼓眼鱼
鲅鱼
带鱼
蔬菜
白菜
炒豆腐
炖粉条
蘑菇
炒肉
西红柿
炒鸡蛋
甜品
冰淇淋
草莓味
巧克力味
甜甜圈
蓝莓味
棒棒糖
苹果味
水果
桃子
软甜
榴莲
香糯
草莓
甘甜多汁
椰子
清爽
饮品
白开水
补充水分
奶粉
营养均衡
酸奶
益生菌

水果世界
苹果
颜色
红色
黄色
绿色
味道
甜甜的
酸酸的
西瓜
皮
绿色
瓤
红色
味道
甜的
橙子
皮
橙色
相似
橘子
味道
酸甜的
菠萝
味道
酸甜的
果肉
黄色
粗糙
皮
金黄色
榴莲
味道
臭臭的
皮
硬
有刺
黄绿色
香蕉
味道
甜的
形状
小船
颜色
黄色

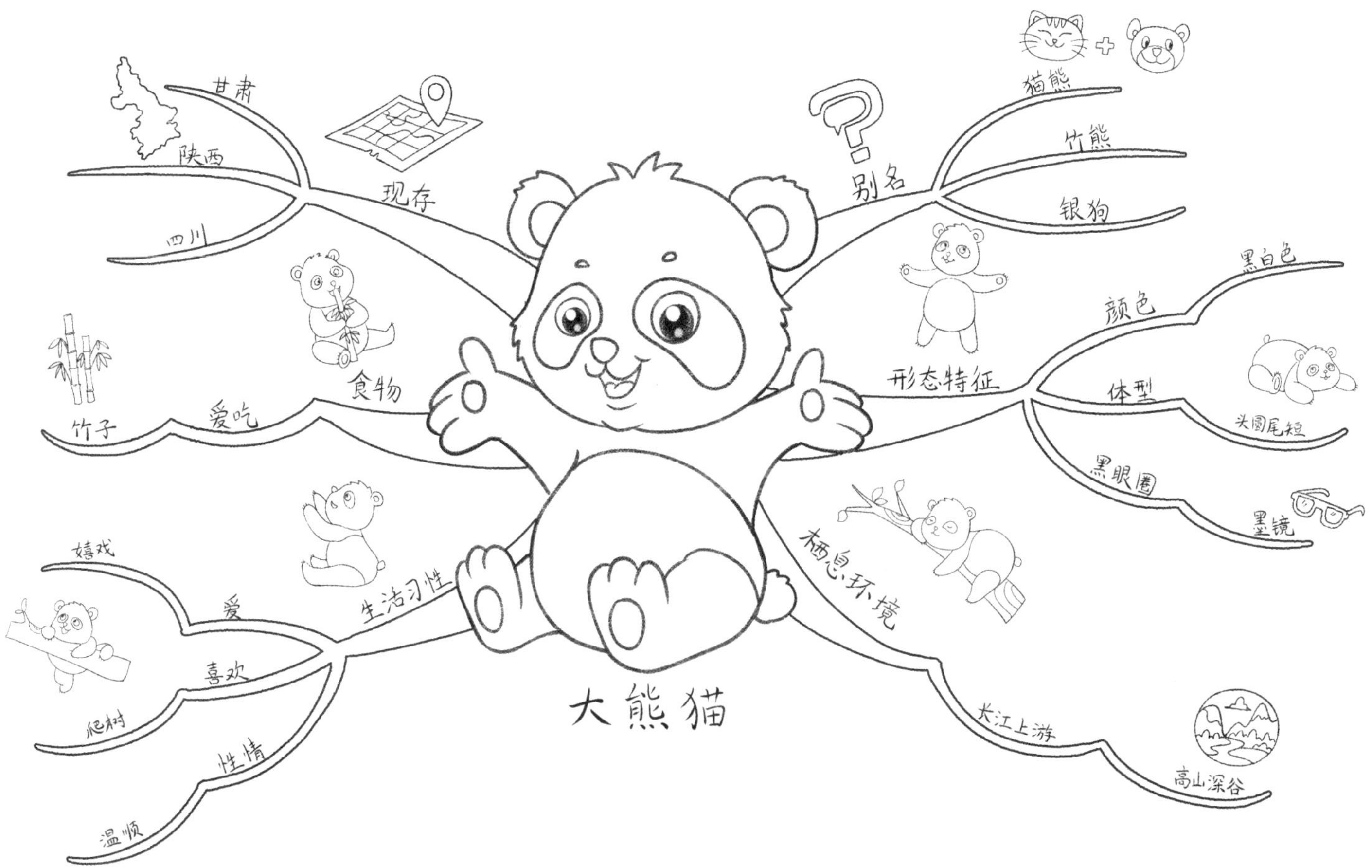
大熊猫
别名
猫熊
竹熊
银狗
形态特征
颜色
黑白色
体型
头圆尾短
黑眼圈
墨镜
栖息环境
长江上游
高山深谷
现存
甘肃
陕西
四川
食物
爱吃
竹子
生活习性
爱
嬉戏
喜欢
爬树
性情
温顺

第二章
儿童练习册

大脑运动会

九宫格发散思维训练（1）

要求： 请根据九宫格中的中心词发散思维，并尽可能填满九宫格。

备注： 不会写的汉字可以用拼音或图像代替。

目的： 锻炼大脑词语发散思维能力。

	食物	

	运动	

	学习	

	开心	

第二章
儿童练习册

大脑运动会——————

九宫格发散思维训练（2）

要求： 请根据九宫格中的中心图像发散思维，并尽可能填满九宫格。

备注： 不会写的汉字可以用拼音或图像代替。

目的： 锻炼大脑图像发散思维能力。

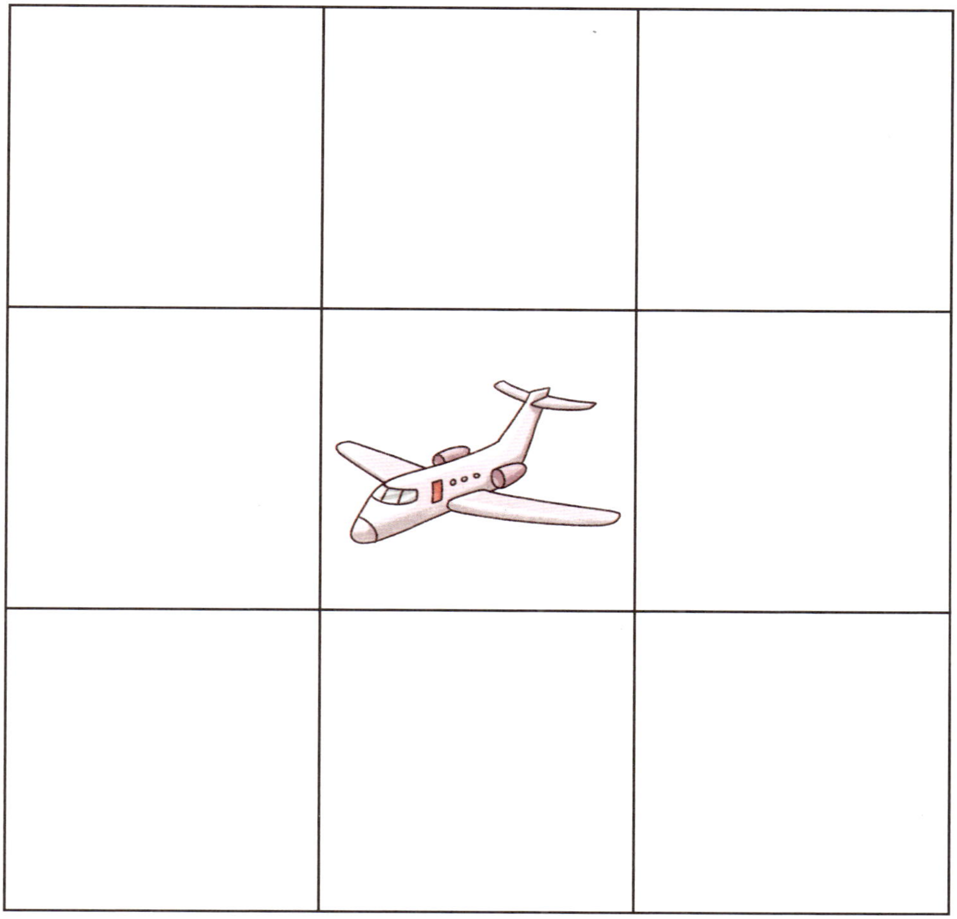

第三章
儿童练习册

大脑运动会

中心主题联想训练

要求： 根据中心主题联想中心图，使用的颜色在三种（含三种）以上。

目的： 锻炼大脑中心图快速联想能力。

快乐美食

时间管理

读书计划

节约用水

第三章
儿童练习册

大脑运动会

中心图联想训练

要求： 根据中心图联想中心主题，并用黑色笔填写。

目的： 锻炼大脑图像思维能力。

7

第四章
儿童练习册

大脑运动会

分支布局训练（1）

要求： 请在空白区域画出参考图中的分支结构。

目的： 锻炼分支布局能力。

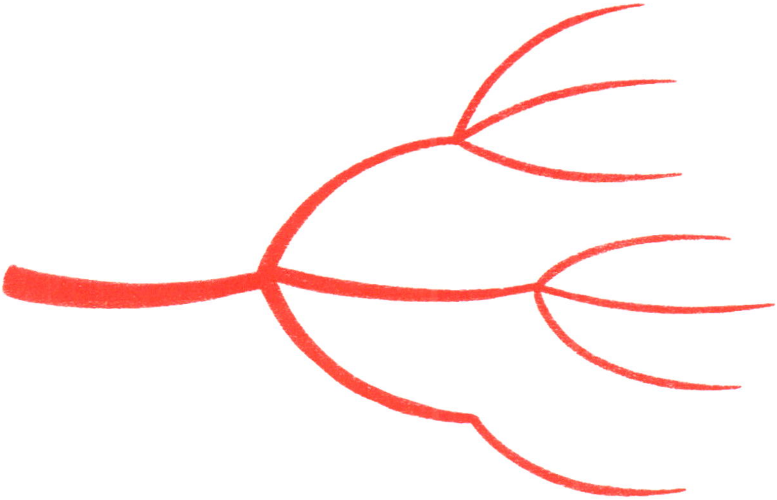

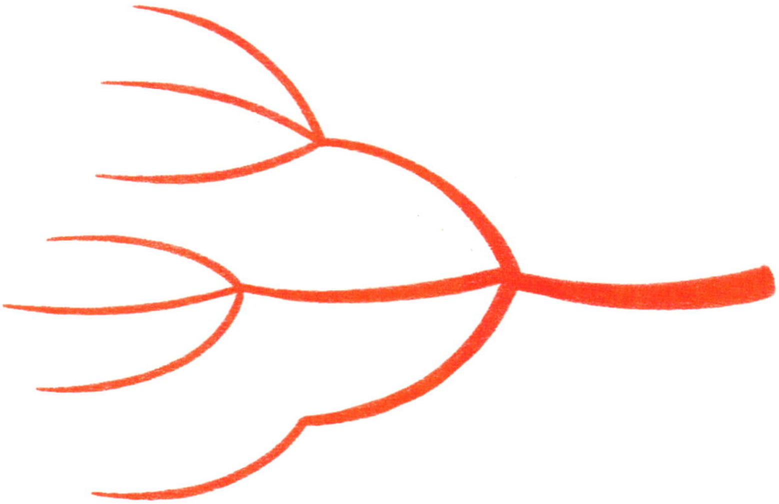

大脑运动会

分支布局训练（2）

要求：请在空白区域画出参考图中的分支结构。

目的：锻炼分支布局能力。

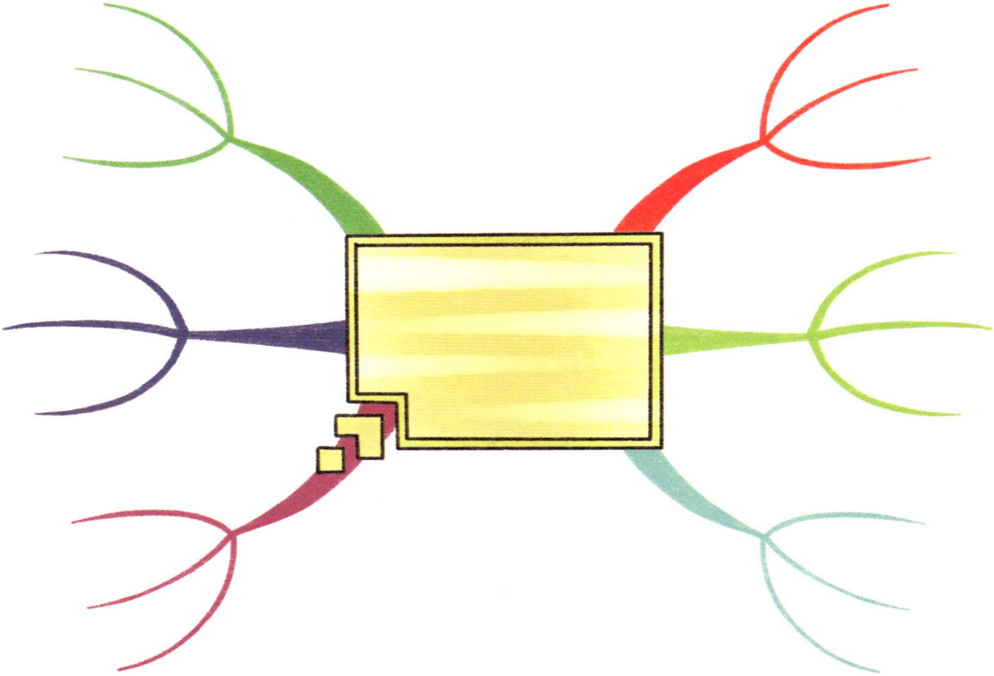

第五章
儿童练习册

大脑运动会

关键词提取训练

要求： 请提取句子中的关键词，并在空白区域画出分支结构。

目的： 锻炼关键词提取及分支布局能力。

备注： 请填写黑色关键词。

1、我喜欢白雪公主。

2、小马虎这次考试考了90分。

3、我希望今年的生日礼物是一只小狗。

4、人类生存离不开阳光、空气和水。

5. 爸爸计划带我去新加坡、马来西亚和泰国旅游。

6. 我们是祖国的未来、世界的未来。

第六章
儿童练习册

大脑运动会

关键图联想训练——形象词

要求： 请根据关键词联想关键图，关键图颜色在两种（含两种）以上。

目的： 锻炼大脑关键图快速联想能力。

房子

大树

衣服

奖杯

高山

太阳

水杯

电视

第六章
儿童练习册

大脑运动会 ————————

关键图联想训练——抽象词

要求： 请根据关键词联想关键图，关键图颜色在两种（含两种）以上。

目的： 锻炼大脑关键图快速联想能力。

开心

财富

时间

难过

美丽

方向

温暖

科技

大脑运动会

分支涂色训练（1）

要求： 请把分支涂上自己喜欢的颜色，从主分支开始上色，颜色要主次统一。

目的： 锻炼运笔熟练度，提高分支布局熟练度。

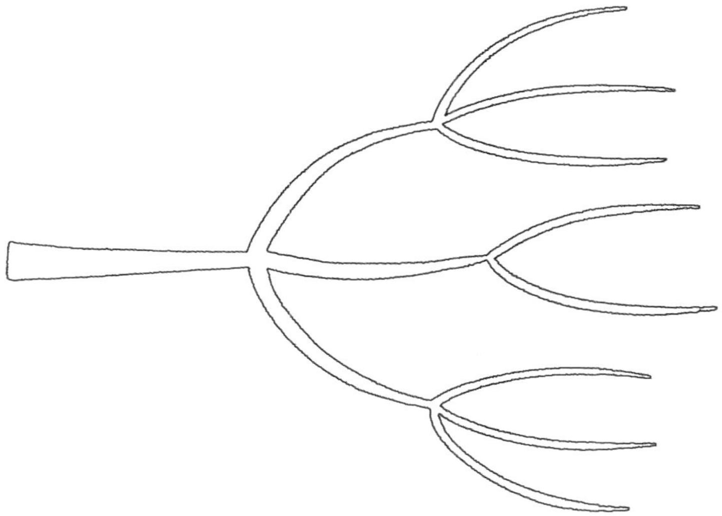

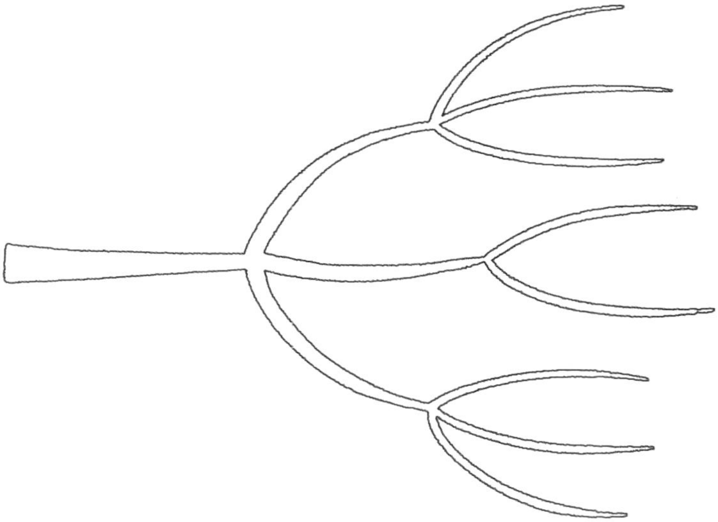

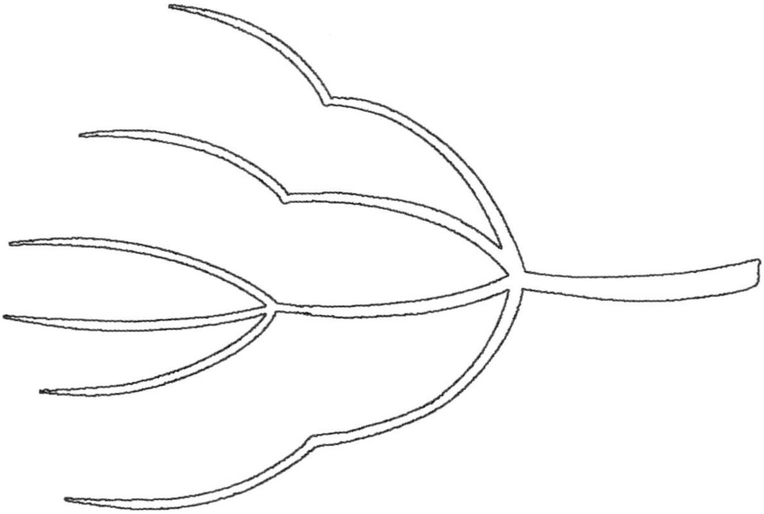

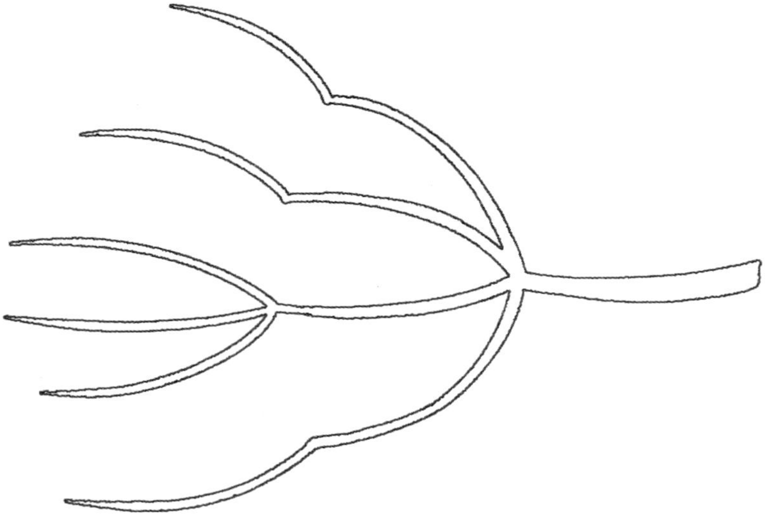

大脑运动会

分支涂色训练（2）

要求： 请把分支涂上自己喜欢的颜色，从主分支开始上色，颜色要主次统一。

目的： 锻炼运笔熟练度，提高分支布局熟练度。

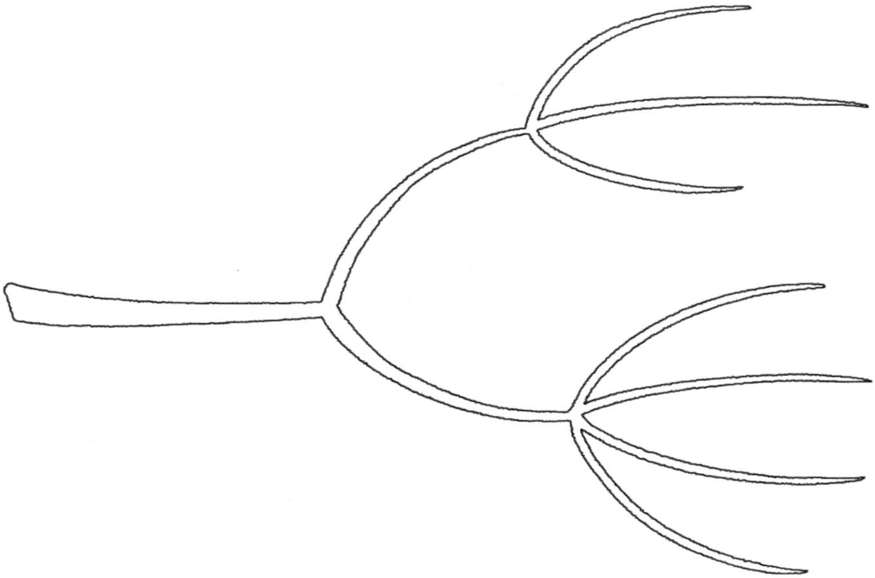

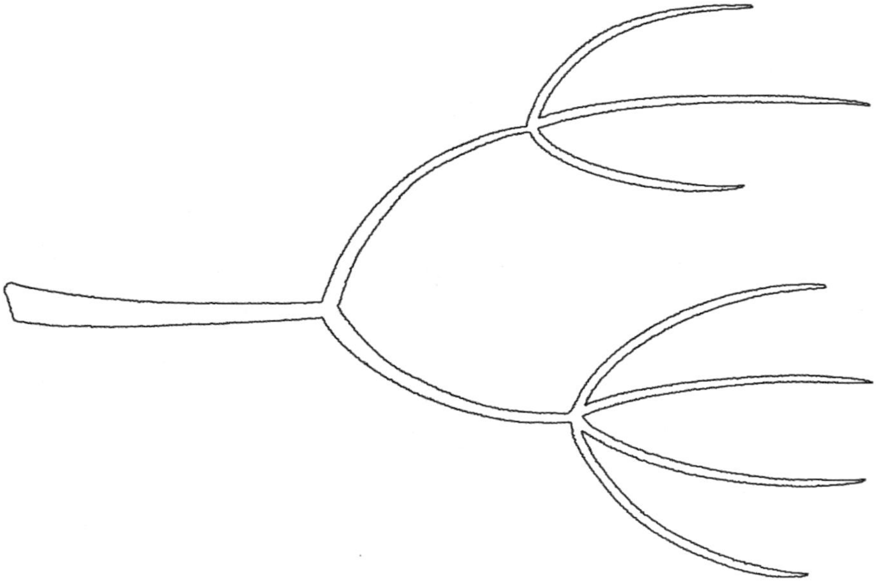

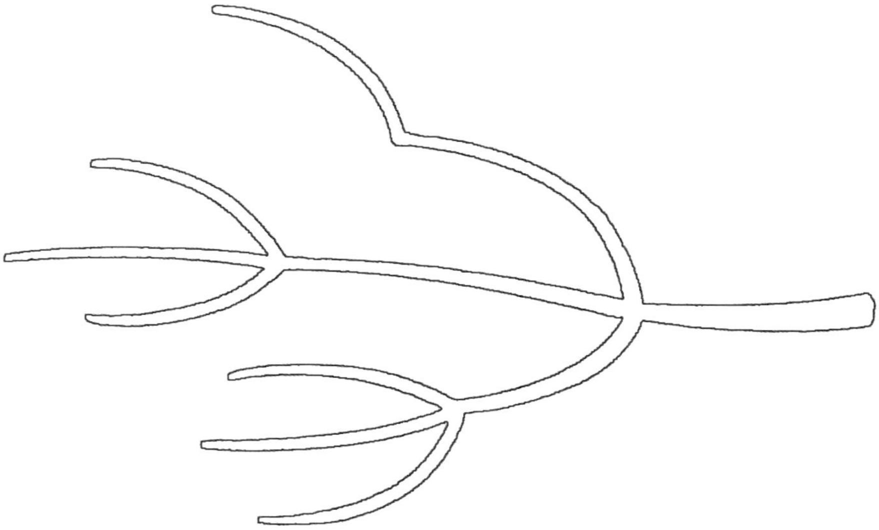

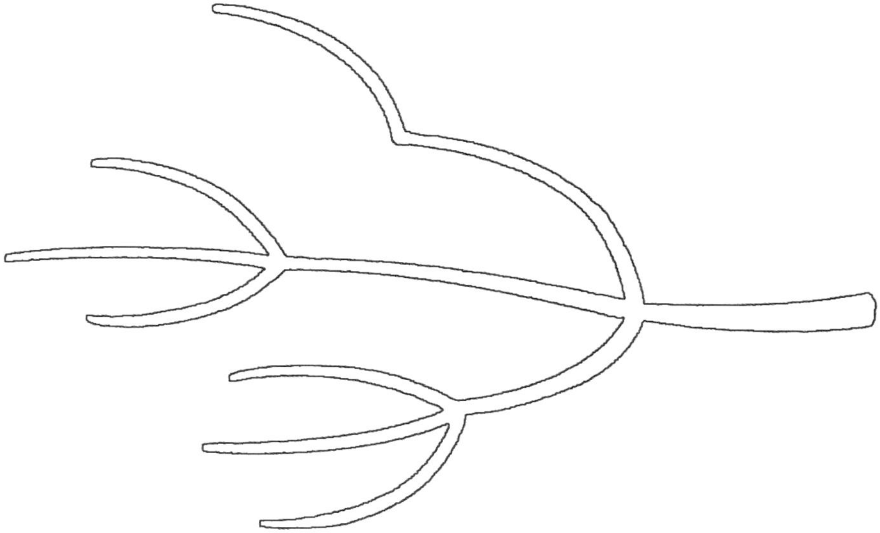

第八章
儿童练习册

大脑运动会

我的时间我做主

要求： 请根据自身实际情况，借助时间管理模型，画一幅思维导图。

目的： 形象化地认知时间，做好时间管理。

晚上
上午
下午
中午
我的时间我做主

你的作品

第八章
儿童练习册

大脑运动会

我心中的妈妈

要求： 请根据中心主题“我心中的妈妈”画一幅思维导图。

目的： 学会用思维导图做主题介绍，熟练掌握导图应用技巧。

姓名
性格
爱好
工作
我心中的妈妈

你的作品

第八章
儿童练习册

大脑运动会

我的好朋友

要求： 请根据中心主题“我的好朋友”画一幅思维导图。

目的： 学会用思维导图做主题介绍，熟练掌握导图应用技巧。

朋友4
朋友1
朋友3
朋友2
我的好朋友

你的作品

第八章
儿童练习册

大脑运动会——

高兴

要求： 请根据中心主题“高兴”画一幅思维导图。

目的： 学会用思维导图做主题介绍，熟练掌握导图应用技巧。

家人
朋友
老师
高兴

你的作品

学完就能用的

思维导图

姬广亮 张雷霞 / 著　崔占成 / 绘

人民东方出版传媒
東方出版社

图书在版编目（CIP）数据

学完就能用的思维导图 / 姬广亮，张雷霞著 . — 北京 ： 东方出版社，2021.5
ISBN 978-7-5207-2134-9

Ⅰ . ①学… Ⅱ . ①姬… Ⅲ . ①思维方法 – 儿童读物 Ⅳ . ① B804-49

中国版本图书馆 CIP 数据核字（2021）第 066077 号

学完就能用的思维导图
（XUE WAN JIU NENG YONG DE SIWEI DAOTU）

作　　者：姬广亮　张雷霞
策 划 人：王莉莉
责任编辑：丁胜杰
产品经理：丁胜杰
出　　版：东方出版社
发　　行：人民东方出版传媒有限公司
地　　址：北京市西城区北三环中路 6 号
邮　　编：100120
印　　刷：小森印刷（北京）有限公司
版　　次：2021 年 5 月第 1 版
印　　次：2021 年 5 月第 1 次印刷
印　　数：1—30000 册
开　　本：710 毫米 ×1000 毫米 1/16
印　　张：11
字　　数：146 千字
书　　号：ISBN 978-7-5207-2134-9
定　　价：59.80 元
发行电话：（010）85924663　85924644　85924641

万物皆可爱，未来皆可期。
请保持天真，保持想象力。

——姬广亮

{献给所有可爱的家长和孩子们}

聪明的父母都是思维导图控

大脑思考与学习是隐蔽的内在行为，不是肉眼所能观察到的。父母引导孩子学习的过程，是帮助孩子建立独立完整的自尊体系的过程。养育、珍视、爱护你孩子的成长个性并尊重你的孩子与其他孩子的差异，也非常重要。如果你的孩子与别的孩子没有什么不同，这才是“最可怕的事情”，是你最应该小心的。

5～8岁儿童处在大脑思维能力启蒙与初级成长期。这一阶段的孩子，先天记忆力过人，有着充满童真、童趣的奇思妙想。如何保护好孩子们这份与生俱来的强大记忆力，以及创新、创造力？如何把孩子们这些先天具足的本领变成未来求学路上的学习力？如何养成科学高效的用脑习惯？相信这一定是无数家长最关心的话题。

不用再苦思冥想了，这本书将会给出答案。思维导图作为风靡全球的儿童思维启蒙与训练工具，充分运用左右脑的机能，利用记忆、阅读、思维的规律，协助孩子们在科学与艺术、逻辑与想象之间平衡发展。好玩、有趣的思维导图亲子共创练习，让孩子们形象化地感知思维的逻辑，提升专注力，既动手又动脑，帮助每个孩子打造“超级小大脑”。

父母是孩子的第一任“学习力教练”。本书的目的是帮助低龄段孩子的父母有效地运用思维导图这一工具启蒙孩子的学习力。本书共计八个章节，除了通俗、易懂的思维导图理论讲解之外，每个章节还配有视频指导教程，以及家长教学思维导图和儿童主题练习。可谓“手把手”帮助家长理解思维导图的同时，又能帮助家长借助儿童练习册“手把手”教会孩子掌握思维导图。

聪明的父母都是思维导图控，相信你也不会例外。

目录

第一章

什么是思维导图

第二章

思维导图核心原理——发散性思维

第三章

中心图
——聚焦思考的目标

第四章

分支
——拓展解决问题的思路

第七章

颜色
——思维的润滑剂

第八章

把思维导图学以致用

第一章

什么是思维导图

- 思维导图的由来
- 思维导图的五大构成要素
- 五步画出专业的思维导图

亲爱的家长朋友们，欢迎来到大脑公园。我是负责守护孩子童真和想象力的大脑精灵——小萌象派派。我爱吃、爱笑、爱卖萌、爱思考。

5～8岁的儿童处于大脑思维能力启蒙与初级成长期。这一阶段的孩子，先天记忆力过人，充满童真、童趣的奇思妙想。如何保护好孩子这份与生俱来的强大记忆力、创新力、创造力？如何把孩子这些先天具备的本领变成未来求学路上的学习力？如何养成科学高效的用脑习惯？思维导图将告诉我们答案。还等什么？赶紧坐上我的“思维列车”，一起参观思维导图博物馆，寻找藏宝图，帮助孩子解锁思维导图这项技能吧！

思维导图的由来

人脑重达1.36千克，拥有的神经连接数量甚至比银河中的星星还多。如果我们把大脑比作人类赖以生存的地球，那么这些神经细胞之间的连接好比地球上错综复杂的高速公路或航空线，所有的路线集结起来就形成了庞大的交通网络。所以，大脑其实是人类天然的“信息高速公路”空间站，而我们对此几乎一无所知。

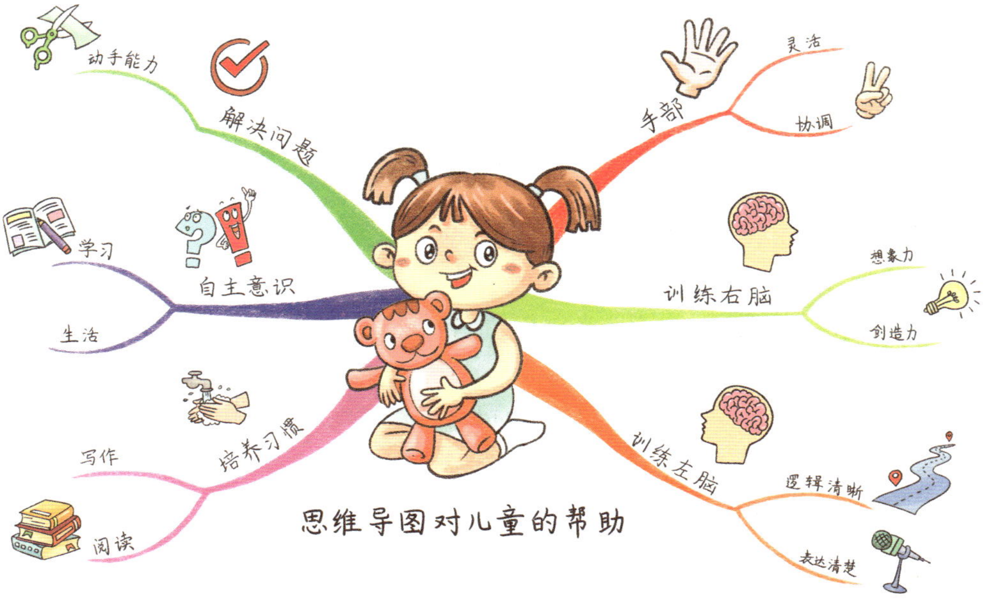

图1-1　思维导图对儿童成长的帮助

图像语言是低龄段孩子认知世界的第一语言。思维导图作为风靡全球的儿童思维启蒙与训练工具，充分运用左右脑的功能，利用记忆、阅读、思维的规律，协助孩子们在科学与艺术、逻辑与想象之间平衡发展。好玩、有趣的思维导图亲子共创练习，让孩子们形象化地感知思维的逻辑，提升专注力，既动手又动脑，帮助每个孩子打造“超级小大脑”。

家长是孩子的第一任老师，也是孩子成才路上的“超级陪练”。

提到思维导图，我们一定要让孩子认识一位英国老爷爷，他就是思维导图的发明人 —— 东尼·博赞教授。了解博赞教授发明思维导图的有趣故事，可以帮助孩子轻松搞懂思维导图的“前世今生”。

图1-2 思维导图发明人东尼·博赞教授

东尼·博赞先生1942年生于英国伦敦，是世界著名的心理学家、教育学家。他曾因帮助查尔斯王子提高记忆力而被誉为英国的“记忆力之父”。他又因发明“思维导图”这一简单易学的思维工具而享誉国际，被称为“世界大脑先生”。他所引领的“大脑革命”正在席卷全球。

东尼·博赞很小的时候，非常喜欢学习和记笔记。然而十几岁时，他的思维和成绩却变得一团糟。他像身边的很多孩子一样，开始讨厌与学习有关的一切事情，特别是写作业与记笔记。他发现了一个奇怪的现象：笔记记得越多，他的学习成绩和记忆力反而越差。为了改善这种糟糕的状况，他开始在关键的词语和句子下面画上红线，并将重要的考点画上方框。谁知，他的记忆力竟然奇迹般地提高了。

当其他同学都在单色的、枯燥的传统笔记中痛苦挣扎时，他依靠全新的笔记方式，从痛苦中挣脱出来。这一尝试，为他日后发明思维导图打下了坚实的基础。要么随波逐流，要么逆流而上，他选择了后者。

在经历了大量的笔记实践之后，他渐渐意识到，人类的大脑需要通过一种新方式来清除头脑中巨大的学习障碍。于是，他开始去寻找一种思维训练工具。

东尼·博赞读大学二年级那年的一天，他兴冲冲地来到学校图书馆，问图书管理员，在哪儿可以找到一本讲解如何高效使用大脑的书。图书管理员立即建议他去医学图书专区。博赞苦笑着跟她解释说：“我不是要给大脑做手术，只是想知道如何能够更高效地使用大脑。”那位漂亮的女管理员很客气地对他说，没有这样的书籍。他十分遗憾地离开了图书馆。

不过，那天他突然意识到，找不到所需要的书，表面上看起来是件坏事，实际上是件好事。因为他正好找到了研究的新方向，而且这个领域非常重要。

问题的背后就是答案

于是，他开始学习心理学、大脑神经生理学、神经语言学、助记法、感知理论、创造性思维和脑科学。他渐渐地发现：如果让人类大脑的各项功能彼此协同工作，而不是彼此分开，其工作效率将会更高。在经历了无数次尝试和改变之后，他终于总结出了这套行之有效的、风靡全球的思考方法——思维导图。

目前思维导图在全球有近3亿使用者。英国著名的《泰晤士报》曾经评价："东尼·博赞让人类重新认识大脑，如同斯蒂芬·霍金让人类重新认识宇宙。"

很高兴，你现在就是这1/300000000。

思维导图的五大构成要素

思维导图又被形象地称为“思维地图”，它的结构模仿着我们人脑中无数的神经元突触和网络。我们在给孩子介绍思维导图时，可以给它起一个非常有趣的名字“八爪鱼地图”。因为它的样子真的就像一只长着又细又长的触手的八爪鱼。

思维导图作为一种创新型的图文笔记思考方法，可以帮助孩子把大脑中的想法分门别类、一目了然地挂在“树枝”上。它能有效地刺激大脑皮层工作，通过调动善于逻辑分析的左脑和善于创新、创造的右脑，帮助孩子实现全脑开发，最终养成全脑思维。

画思维导图就像玩拼图游戏。我们都知道在玩拼图之前，需要确定的是整幅图的“正确样子”。所以，作为家长，我们真的非常有必要让孩子认真看一看专业的思维导图长什么“模样”。因为，你真的有可能一不小心在网络、朋友圈甚至书店里看到一些“所谓的思维导图”，即假的思维导图。东尼·博赞教授把它们叫作“伪思维导图”。

真正专业的思维导图一定要具备两个非常重要的视觉特点:

1. 图文并茂——有图像、有文字。这里所说的“文字”不是指长句子，而是关键词。

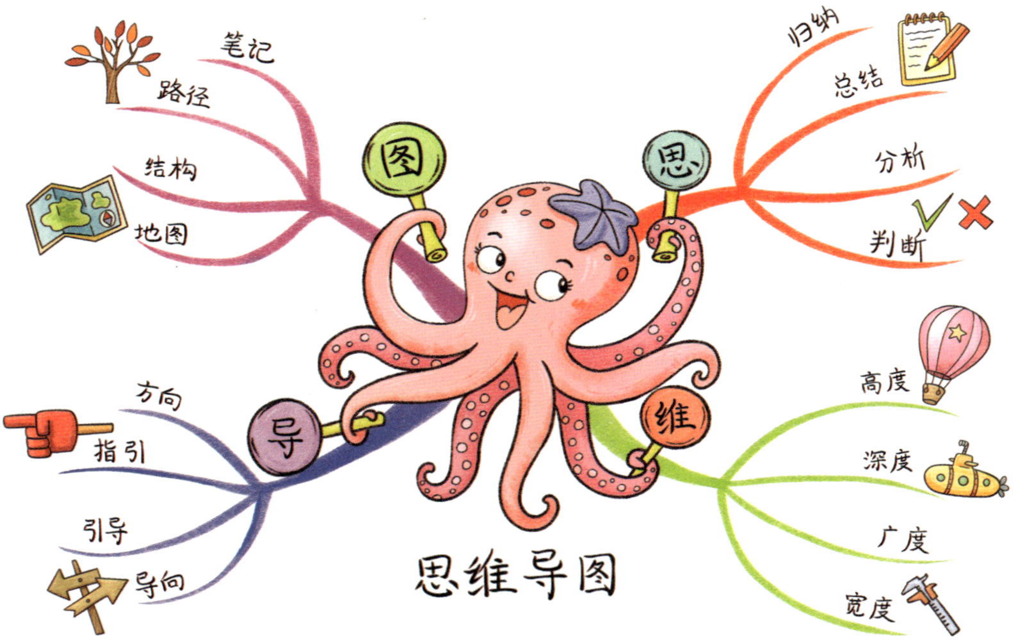

图1-3 思维导图作品

2. 发散结构——像大树一样的发散结构，而不是直来直去的单一线条。

如果你遇到的“思维导图”不是这个“样子”，说明它们一定不是思维导图。

比如，下面（图1–4）这八种常见的思维结构就不是思维导图。

虽然，这八种思维结构也是非常不错的思考工具。但是，我们不能把它们叫作思维导图，因为“相似”不等于“相同”。学习是一件严谨的事情，不能偷换概念，就像我们不能把“猫”叫作“老虎”。

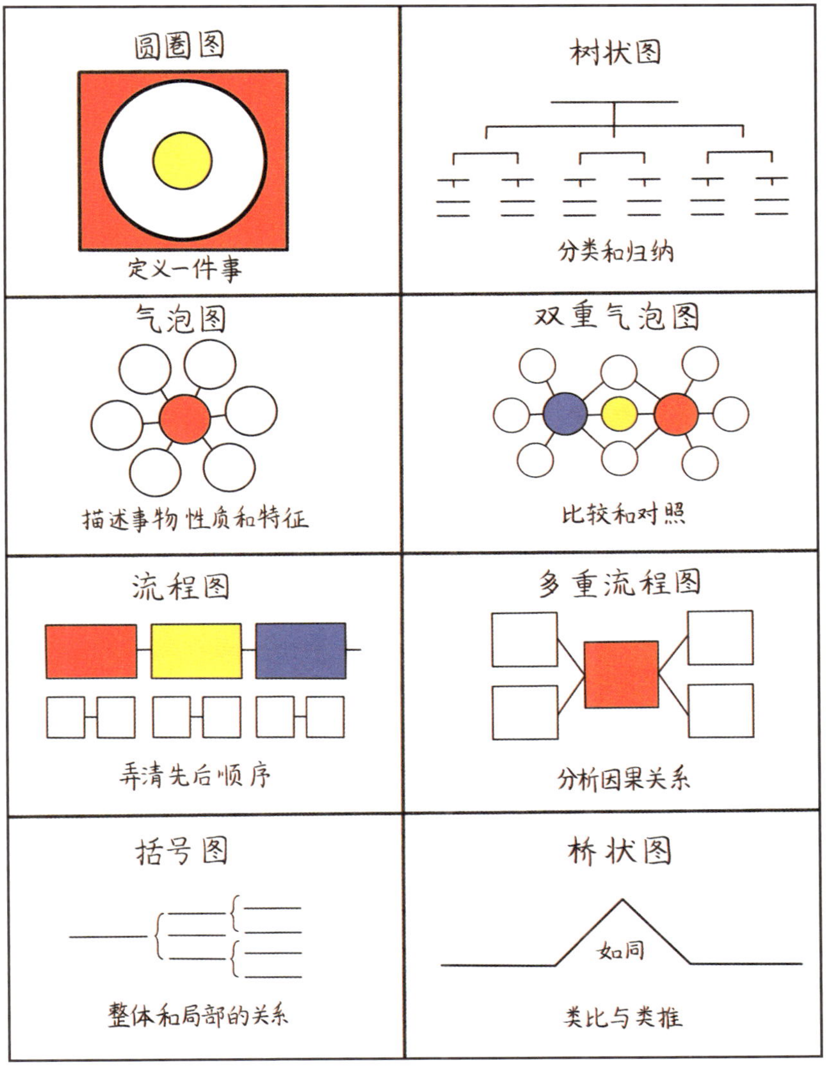

图1-4　八大思维结构图示法

一幅专业的思维导图由五大要素构成：

1.中心图

2.分支

3.关键词

4.关键图

5.颜色

五大构成要素在思维导图中各司其职，帮助大脑高效思考，解决问题。

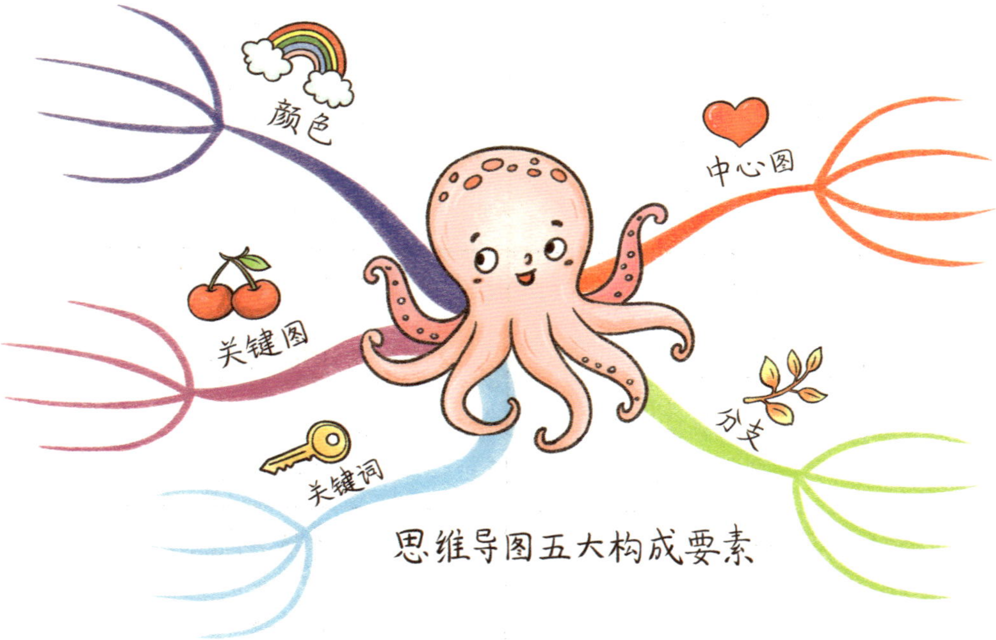

图1-5 思维导图五大构成要素

中心图

中心图是整幅思维导图中最大的图像，位于思维导图的正中央。它的主要作用是形象化地告诉我们这幅思维导图的中心主题是什么，也就是画这幅思维导图要解决的问题是什么。比如，“我爱阅读”这个主题，我们可以画一本书；绘制“旅行计划”的思维导图时，我们可以画一个背包。这种图文并茂的思维方式更有利于孩子理解所学的内容，同时激发大脑的形象思维能力。

分支

和中心图相连的这些像树干一样的结构叫作分支。它们就像高楼大厦的钢筋混凝土结构，支撑起整栋大楼的所有建筑材料。分支之间通过合理的间隔，将不同的关键词分类放在不同区域、不同层级的“树枝”上，让我们一目了然地看清大脑思维的路径。

关键词

分支的布局结构和数量是由关键词之间的关系和数量决定的。思考的内容越全面、越深入，关键词就会越多，分支的数量也就越多。如果我们把关键词比喻成一辆小汽车，那么分支就相当于公路。所以，关键词一定要写在分支上，并尽量靠近分支写。

举例：小叮当喜欢读绘本、画画和看动画片，讨厌吃辣椒。

这句话中的关键词是：小叮当、喜欢、绘本、画画、动画片、讨厌、辣椒。

如果我们用分支画出这些关键词之间的关系，如图1–6所示：

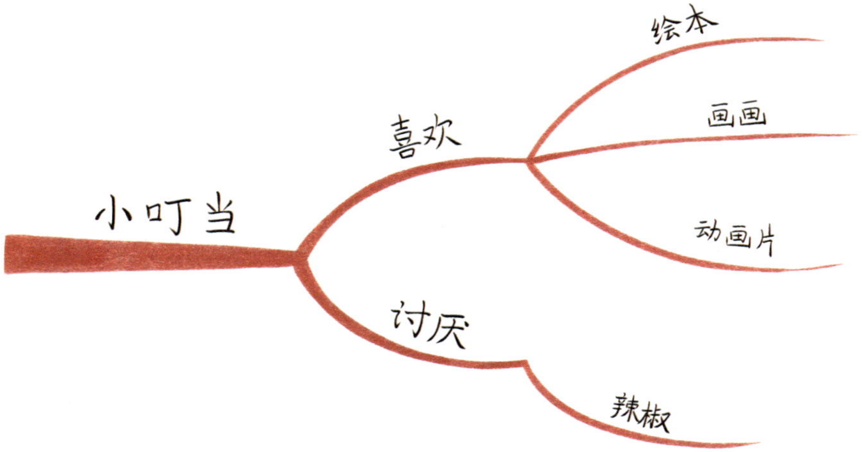

图1-6 关键词分支布局

通过对比你会发现：用分支布局后的关键词关系一目了然，对于孩子来说更加清晰易懂。

关键图

除中心图外，在思维导图中零散分布的一些小的图像叫作关键图。关键图的主要作用是缓解视觉疲劳，激发大脑专注力，辅助记忆。5～8岁年龄段的孩子识字量有限，关键图还可以作为他们的一种图像语言，用来替换自己不会书写的关键词。如下图所示：

图1-7　纯关键图的分支布局

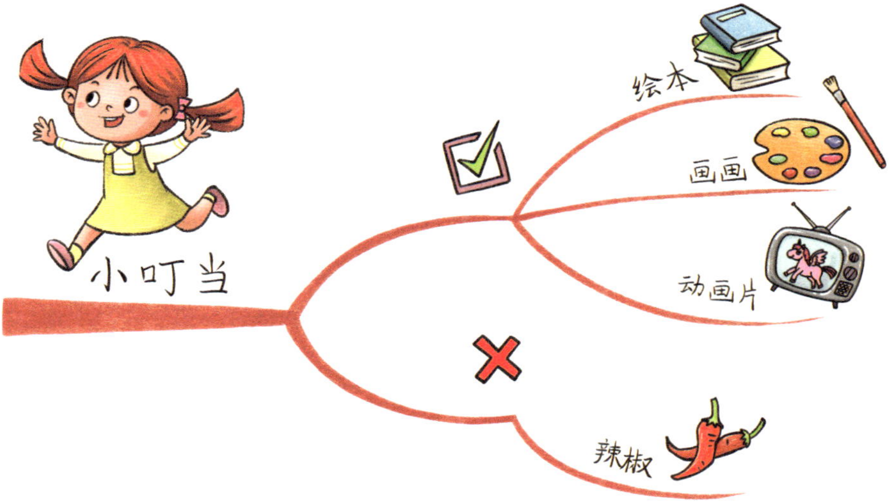

图1-8　图文并茂的分支布局1

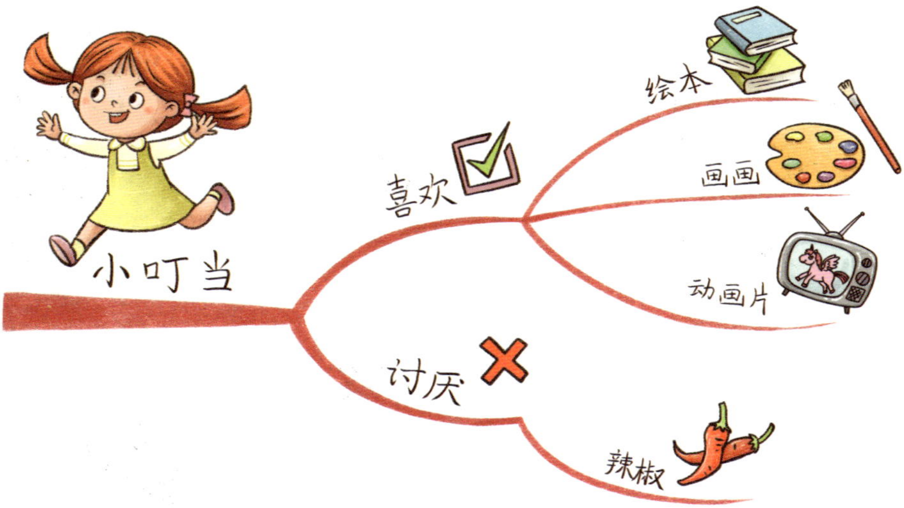

图1-9 图文并茂的分支布局2

我们将增加关键图后的分支布局结构（图1-7、图1-8、图1-9）和上面只有关键词的分支布局结构（图1-6）做个对比，家长不难发现：关键图结合关键词的分支布局结构，阅读体验更好玩、更有趣，孩子的注意力更集中，记忆效果也更好。

颜色

思维导图有两个非常重要的视觉特点：一是图文并茂；二是颜色丰富的发散性结构。没有颜色的思维导图视觉体验单一，容易疲劳，缺乏生命力。颜色丰富的思维导图有利于信息分类，同时能缓解视觉疲劳。这也是绝大部分人喜欢彩色照片而不喜欢黑白照片的原因。

以上就是一幅专业的思维导图必须要包含的五大构成要素：中心图、分支、关键词、关键图和颜色。关于五大构成要素在画思维导图时要遵守的一些具体规则和要求，我会在后面的章节中通过大量的实操案例向各位家长一一详细讲解。

【拓展阅读】

谬见和误解：关于思维的本质（东尼·博赞）

思维导图自20世纪60年代被发明以来，一直帮助着全世界的人们，直到今天仍在改变着人们的生活。这是我梦寐以求的最大收获，思维导图的全球影响力和吸引力让我欢欣鼓舞。通过发掘我们天生的人类语言，运用想象和联想两股力量，思维导图成为跨越文化差异的思维工具。

随着思维导图的普及，几十年来围绕思维导图也出现过各式各样的谬见和误解，这或许并不奇怪。每当我遇到一些十分常见的误解，比如有人误以为思维导图和蜘蛛网图是同一个东西时，我的心情就很沉重。

更何况，若混淆了思维导图和其他图标，如概念图、金字塔图，就可能破坏了思维导图的完整性，也就意味着一些人或许无法领会思维导图的力量，也体会不到思维导图的全部潜能，这才是真正的危机。同样地，一些自称思维导图专家的人，自己都没有接受过良好的培训就来教授他人，每当我看到有人被他们带上歧途，就会感到沮丧。

让我们去除糟粕，取其精华，澄清谬见，辨别真假思维导图。

五步画出专业的思维导图

“孩子不会画画，能不能学会思维导图？”这是家长朋友最常问的问题。我的回答是：“不管孩子会不会画画，有没有基础，都能学会思维导图。因为，思维导图不是绘画。”有画画基础的孩子固然在图像表达上稍微占有优势，但是思维导图的功能首先是对思维能力的提升，其次才是视觉技巧的表达，而随着对思维导图的深入练习，每个孩子天然的图像表达能力都能被慢慢唤醒。

画思维导图前，我们需要为孩子准备好四样工具：白纸（A4或A3）、水彩笔（6色或12色）、铅笔和草稿纸。对于思维导图初学者来说，在正式画思维导图前，家长可以协助孩子用铅笔在草稿纸上做一些简单的发散性思维和分支布局，这样有利于提高每一幅思维导图的实用性。

一颗种子成长为参天大树的过程像极了画思维导图的全部过程。土壤相当于白纸，种子相当于中心图，种子发芽长出的枝干相当于和中心图相连的分支，枝干上的叶子相当于填写在分支上的关键词，关键图相当于枝头上盛开的五颜六色的花朵。最后我们在纸面上就能看到一棵开满鲜花的“思维的大树”，这就是思维导图。

接下来，我们一起学习画思维导图的五个基本步骤。

第一步：将白纸横向摆放，拉大左右的视觉宽度，根据要解决的问题（中心主题）确定中心图，并画在白纸的正中央。例如，假设我们要画一幅中心主题是“爱因斯坦”的思维导图，就可以画一个爱因斯坦的卡通形象作为中心图。如图1-10所示：

图1-10　中心图

第二步：根据中心主题发散性思维，确定第一个思考角度，假设我们想到的是爱因斯坦的“基本信息”。我们就在中心图右上角2点钟方向画出第一条主分支，并填写关键词。如图1-11所示：

图1-11　第一条主分支

第三步：根据主分支上的关键词继续发散性思维，并用分支布局。如图1–12所示：

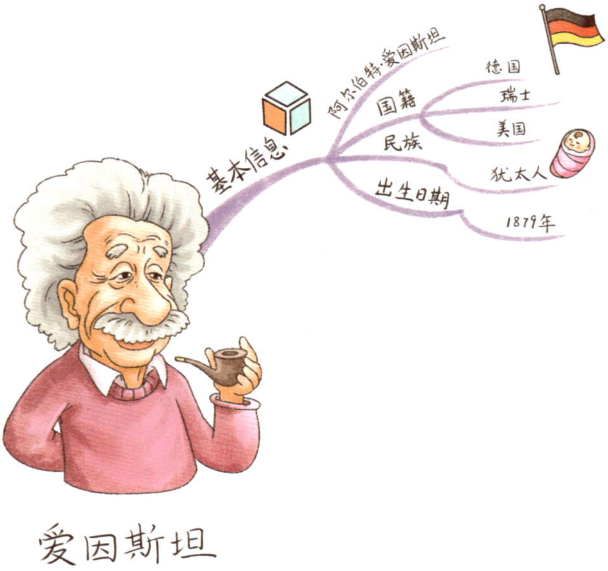

图1–12　主分支发散布局结构

第四步：根据中心主题继续发散性思维，确定思考角度，并围绕中心图用分支顺时针布局。如图1–13所示：

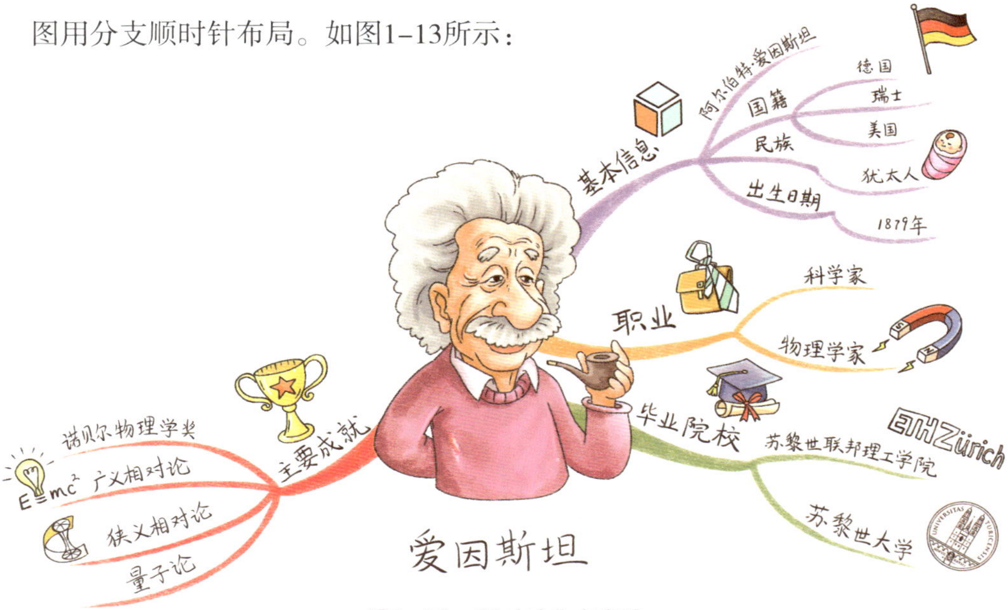

图1–13　顺时针分支布局

第五步：查漏补缺，完善并复习思维导图。如图1–14所示：

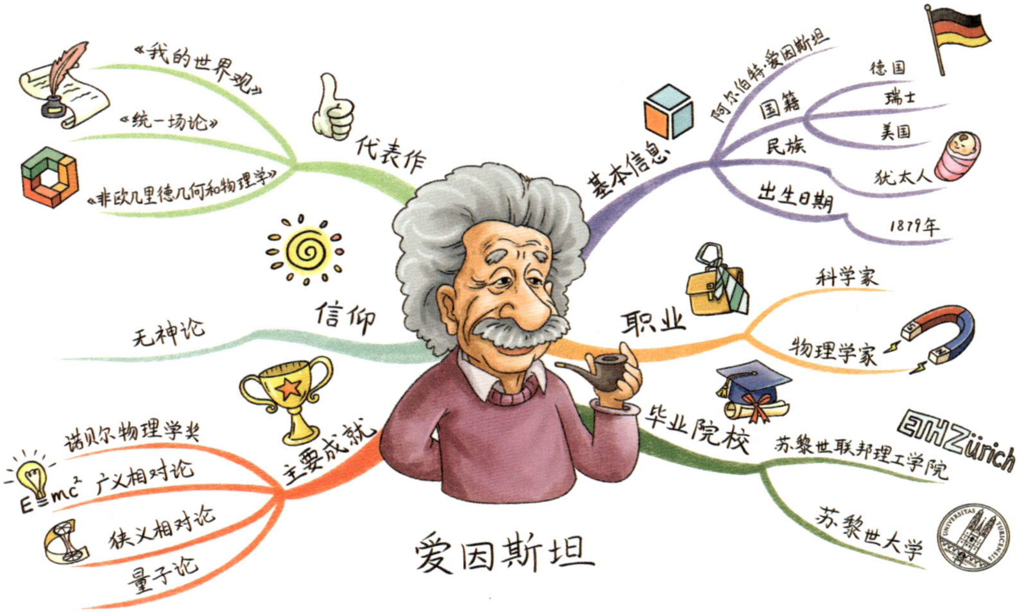

图1–14 查漏补缺，完善思维导图

以上就是我们画思维导图的五个基本步骤，只要稍加练习，每个孩子都可以做到。

《我是美食家》

儿童思维导图主题作品

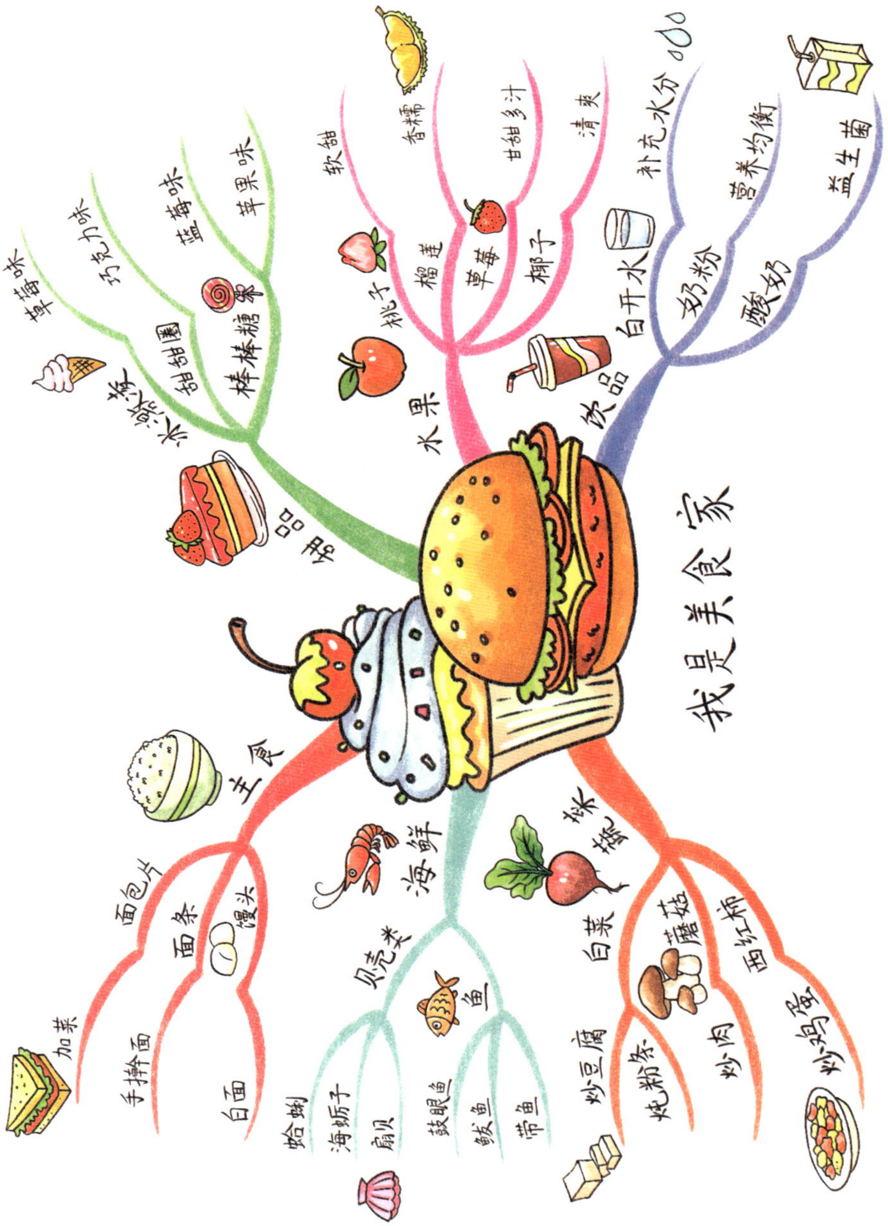

《我的家人》

儿童思维导图主题作品

《美丽校园》

儿童思维导图主题作品

家长教学卡

九宫格知识便利贴

1\. 图像语言是低龄段孩子认知世界的“第一语言”。

2\. 思维导图又被形象地称为“思维地图”。

3\. 画思维导图可以帮助孩子形象化地感知思维的逻辑，提升专注力，既动手，又动脑，打造孩子们的“超级小大脑”。

4\. 思维导图有两个非常重要的视觉特点：一是图文并茂；二是颜色丰富的发散性结构。

5\. 思维导图由五个部分组成：中心图、分支、关键词、关键图、颜色。

6\. 画思维导图需要准备四样工具：A4 或 A3 的白纸、6 色或 12 色水彩笔、铅笔和草稿纸。

7\. 画思维导图有五个基本步骤。（详见书中第 17 ~ 20 页）

8\. 家长是孩子的第一任老师，也是孩子们成才路上的“超级陪练”。

9\. 真正的学习在“行动”之后。

思维导图
思维导图
定义
思维地图
发明人
东尼·博赞
视觉特点
图文并茂
发散性结构
五大要素
中心图
分支
关键词
关键图
颜色
准备工具
铅笔
草稿纸
水彩笔
6色或12色
白纸
A4或A3
绘制步骤
查漏补缺
完善导图
其他分支
顺时针布局
继续发散
多层级思考
发散思维
主分支
中心主题
中心图

第二章

思维导图核心原理

——发散性思维

- 什么是发散性思维
- 发散性思维的两种类型
- 用九宫格激发大脑发散性思维的能力

探秘思维导图的“发动机”

亲爱的家长朋友们，上一章我们的“思维列车”停靠在了“思维导图博物馆”站。通过在博物馆紧锣密鼓地参观和学习，虽然我们已经知道了真正的思维导图应该长什么样子，以及如何画思维导图，但是孩子学习和运用思维导图的过程并非简单的写写画画，更需要充分调动大脑积极地参与思考。这一章我们的“思维列车”停靠在“大脑古堡”站，让我们共同探秘思维导图的“发动机”即核心原理——发散性思维。小马达，转动起来吧！

什么是发散性思维

大脑虽然只占人体总重量的2%左右，但耗氧量达全身耗氧量的25%左右，血流量约占心脏输出血量的15%，一天内流经脑的血液约为2000升。若用电功率表示，脑消耗的能量大约相当于25瓦。

大脑为神经系统中最高级的部分，由左、右两个大脑半球组成，两半球间有横行的神经纤维相联系。人的大脑表面有很多往下凹的沟（裂），沟（裂）之间有隆起的回，因而大大增加了大脑皮层的面积，这是神经系统最发达的部分。人的大脑是思维的器官，主导机体内一切活动过程，并调节机体与周围环境的平衡，也是意识、精神、语言、学习、记忆和智能等高级神经活动的物质基础。

大脑的工作原理非常简单。当你学到一个新知识时，大脑中就会形成一个新的神经连接。一开始，这个神经连接相当脆弱和不稳定，但每次你对获得的新知识加以重复时，这一连接就会得到加强。重复加强大脑的神经连接有助于巩固学习和记忆效果。每次重复，大脑都会释放髓磷脂，这种物质会包裹住神经元，帮助信息更有效地传递，于是大脑在完成某项任务时就更为顺利。

发散性思维是构建思维导图不可或缺的一部分，它就像电脑的操作系统一样重要。如果一台电脑没有安装操作系统，那么这台电脑也就无法帮助我们解决问题。

大脑的发散性思维能力是与生俱来的。例如，对于大部分婴儿来说，他们世界里的第一幅“中心图”就是母亲的脸庞，根据这幅中心图，孩子大脑中可能会延伸出许多的关联，比如：食物、温暖、拥抱、睡觉、爱，等等。也就是说，我们每个人天生就会用发散性思维的方式去认知和理解这个世界。

发散性思维并不复杂，大脑由一个中心主题向多个角度思考的过程就是发散性思维。比如，当我们提到“孩子”时，大脑会联想到许多与之有关联的内容。如图2–1所示：

图2-1 发散性思维——孩子

发散性思维尊重“个性思维”，是一种不纠结对与错的思考过程。它有三个核心特点。

流畅性

流畅性就是观念的自由发挥。指在尽可能短的时间内生成并表达出尽可能多的思想观念，以及较快地适应、消化新的思想观念。机智与流畅性密切相关。流畅性反映的是发散性思维的速度和数量特征。

变通性

变通性就是克服人们头脑中某种自己设置的僵化的思维框架，按照某一新的方向来思索问题的过程。变通性需要借助横向类比、跨域转化、触类旁通，使发散性思维沿着不同的方面或向不同的方向扩散，表现出极其丰富的多样性和多面性。

独特性

独特性指人们在发散思维的过程中做出不同寻常的、异于他人的新奇反应的能力。独特性是发散性思维的最高目标。

5～8岁的孩子发散性思维能力极强，他们大脑中充满了奇思妙想，有很多是天马行空、不切实际的。“保持天真，保持想象力”是这一年龄段孩子重要的功课。倾听、肯定他们的想法并加以正向引导，这是我们作为家长的一项艰巨而有意义的任务。

我们刚开始引导孩子练习发散性思维时，一定要从简单、易懂，或者孩子感兴趣的话题入手。我们都知道“兴趣是最好的老师”。简单、易懂，或孩子感兴趣的话题使孩子在练习过程中注意力更集中、思考积极性更强，容易激发孩子内在的成就感，进而驱动大脑积极主动地思考。不好理解或有难度的练习主题容易让孩子产生畏难情绪，反而适得其反。所以，引导孩子练习发散性思维的过程一定要由浅入深，逐步增加难度。

举个简单的例子，我们可以拿一张A4的白纸，然后在白纸的最中央画一个圆（如图2-2所示）。我们可以跟孩子这样讲：“宝贝，我们玩一个发散性思维的小游戏吧？这个游戏非常简单。”

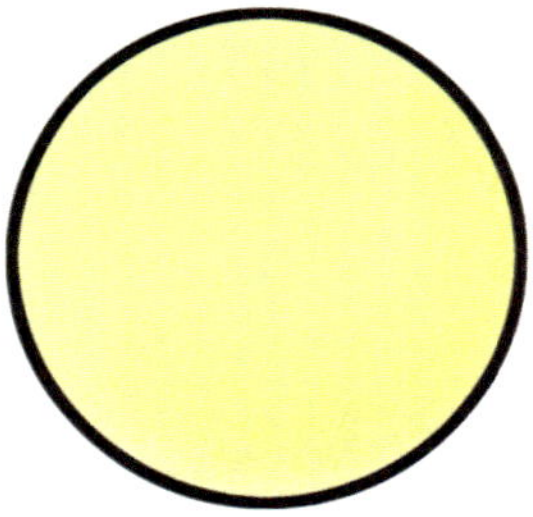

图2-2 圆形

请注意我们在引导孩子练习发散性思维时的措辞。千万不要说：“来，坐下。我们做个发散性思维的练习。”因为，谁都不喜欢被命令，而且，孩子对“发散性思维”这个词是没有概念的，不知道是什么意思，也不知道好玩不好玩。所以，我们在引导低龄段孩子练习时，要用启发式、引导式的语言。孩子可能对“发散性思维”没概念，但是他对“游戏”是有概念的，因为游戏在孩子的世界里代表着“好玩”，所以他们可能更乐于尝试。

我们可以把这张画有圆圈的白纸横向摆在桌上，然后让孩子观察白纸中的圆圈，并让孩子说出他所知道的与圆形相关的物品。每想到一样物品，就画一条小树杈（分支），然后把想到的物品写在或画在小树杈上，如图2-3所示：

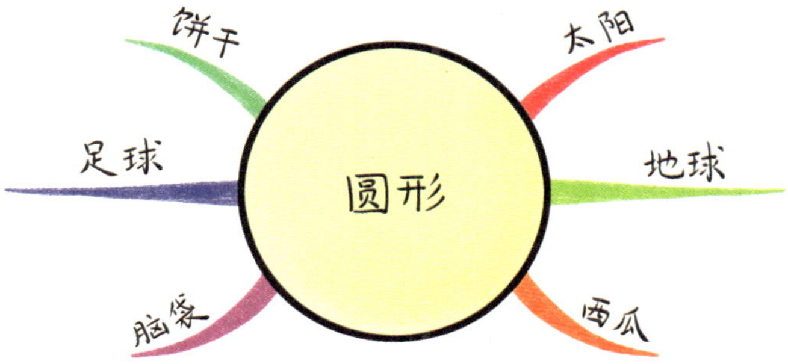

图2-3　发散性思维——圆形

这就是发散性思维。让孩子画在纸上，他能看到自己大脑思考的过程。所以，我们又把思维导图形象地称为“思维地图”。

当然，针对小树杈上的每一个物品，我们还可以带着孩子继续发散思维，然后把想到的东西画在纸上。最后，你会发现孩子可以一口气想到这么多东西，并且画出了第一幅思维导图，不费吹灰之力（如图2-4）。虽然，可能会有些简单或粗糙，没关系，这只是刚刚开始而已。

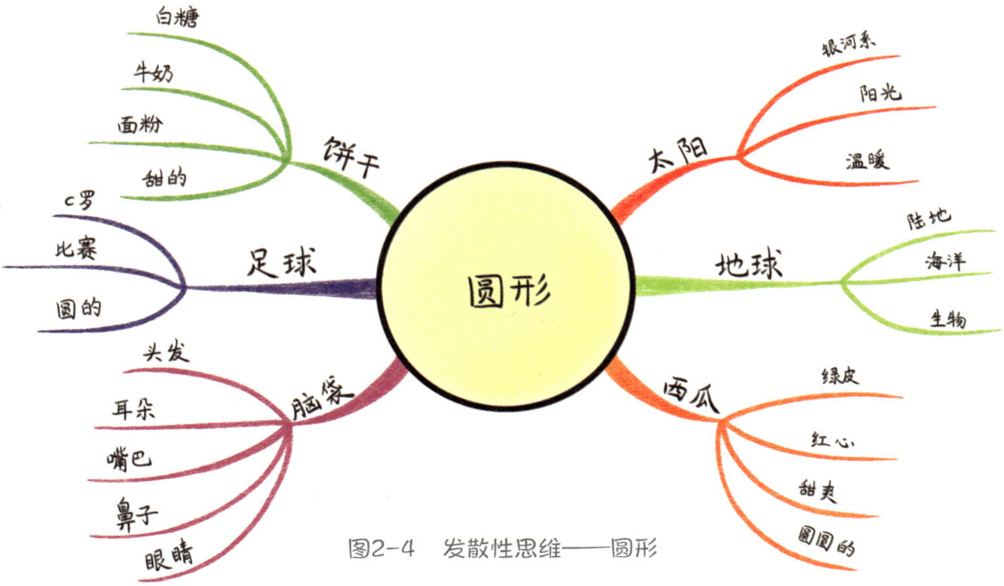
圆形
饼干
白糖
牛奶
面粉
甜的
足球
C罗
比赛
圆的
脑袋
头发
耳朵
嘴巴
鼻子
眼睛
太阳
银河系
阳光
温暖
地球
陆地
海洋
生物
西瓜
绿皮
红心
甜爽
圆圆的

图2-4 发散性思维——圆形

发散性思维的两种类型

发散性思维是思维导图的“小马达”。那么，我们如何才能快速启动这一能力，帮助我们更高效地解决问题呢？这就需要我们了解发散性思维的两种类型。了解发散性思维的两种不同形式，同时也有助于家长引导孩子通过发散性思维解决生活和学习中的实际问题。

发散性思维有两种类型：

1.自由发散

2.定向发散

自由发散是指大脑根据中心主题自由地联想和想象，不纠结对与错，不限定思考范围和方向。举个例子，当我们提到“旅行”时，我们的大脑可能会自由联想到中国、韩国、日本、新加坡、美国、英国、法国、意大利等（如图2–5所示）。

定向发散是指大脑根据中心主题设定某个思考范围或方向的联想和想象过程。举个例子，我们思考的中心主题同样还是“旅行”，如果是定向发散，大脑需要提前设定某个思考范围或方向。比如，我们想到的是在中国旅行，我们定向发散可能联想到：北京、上海、广州、深圳、大连、青岛、香港、台湾等（如图2–6所示）。

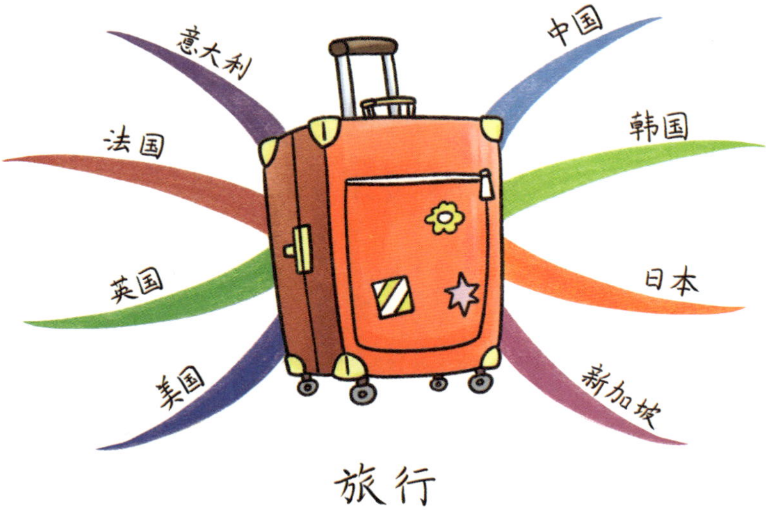

图2-5 自由发散——旅行1

图2-6 定向发散——旅行2

同样是发散性思维，通过两组案例的对比，你会发现：自由发散，思维开放性更强，可以帮助我们提高思考问题的全面性；定向发散，思维更聚焦，可以帮助我们提高思考问题的针对性。而我们日常思考问题、解决问题的过程一定离不开思维的全面性和针对性。因为“全面性”可以让我们思考得更多、范围更广，“针对性”可以让我们思考得更透彻、更深入。

趁热打铁，请根据下面的中心主题进行发散性思维训练，并填满每条分支。

图2-7　发散性思维——学习

图2-8 发散性思维——高兴

用九宫格激发大脑发散性思维能力

人类大脑最大的惰性就是“习惯性偷懒”。比如，当我们希望孩子说出与“圆”相关的一些东西时，孩子可能会想到：饼干、瓶盖、太阳、足球、篮球，等等。有的孩子认为能想出五六个答案就已经很不错了，然后就满足了，不再思考，止步于此。其实，他不知道他的大脑能联想到的数量远多于此。

如何激发大脑主动发散性思维，改掉“习惯性偷懒”的坏习惯呢？

解决方案超级简单，借助“绝世小工具”——九宫格。

相传九宫格为唐代书法家欧阳询所创制（如图2-9所示）。欧阳询书《九成宫醴泉铭》，严谨峭劲，法度完备，是其晚年的得意之作，向来被誉为“正书第一”，仿习者甚多。为方便习字者练字，欧阳询根据汉字字形的特点，创制了“九宫格”的界格形式。九宫格，中间一小格称为“中宫”，上面三格称为“上三宫”，下面三格称为“下三宫”，左右两格分别称为“左宫”和“右宫”，用以在练字时对照碑帖给字形和点画安排适当的部位，或用作字体的缩小与放大。

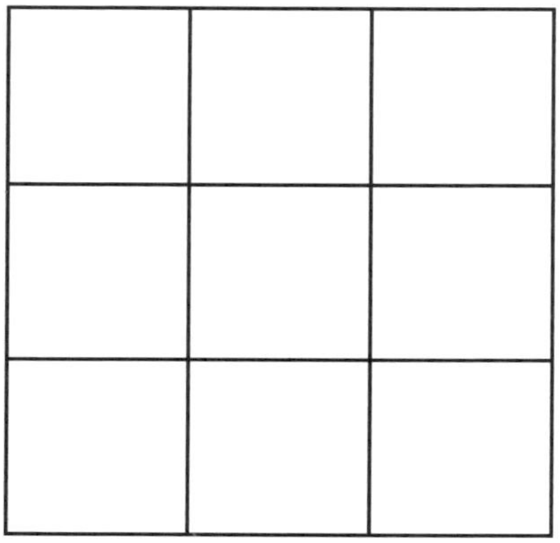

图2-9　九宫格

接下来，我们要探讨的不是书法问题，而是这样一个看起来极其简单的九宫格结构与发散性思维之间有着怎样的联系。九宫格为什么能激发大脑主动发散性思维？

假设我们要思考的中心主题是“学习”，我们就把“学习”这个关键词写在九宫格最中间的方格里，如图2-10所示：

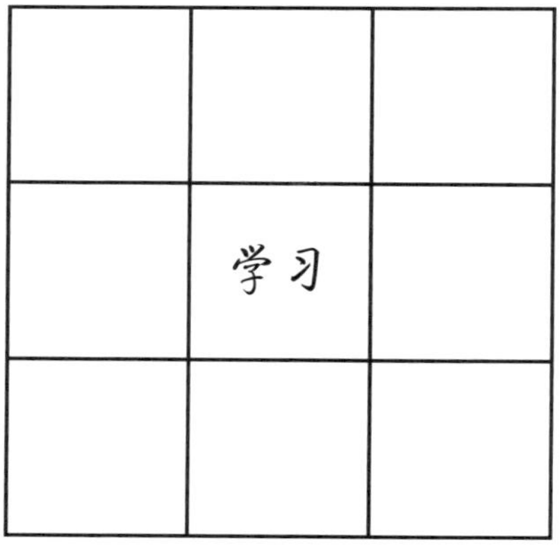

图2-10　九宫格——学习

仔细观察上面的九宫格你会发现，在“学习”这个方格的周围会有八个空缺的方格。大脑根据中心主题“学习”可能会发散性思维联想到语文、数学、英语、体育、美术、乐高。然后我们把这六个关键词填写在九宫格空缺的方格中。如图2-11所示：

语文	数学	英语
	学习	体育
	乐高	美术

图2-11　九宫格——学习

当我们看到九宫格中还空着的两个方格时，大脑会觉得非常奇怪，不够“完美”（完整），会有一种想要把整个九宫格填满的冲动。因为，我们每个人的大脑都有“追求完整”的功能。而这种“冲动”会激发大脑自主发散性思维，即使想不到更多，也会尽可能尝试，而不是适可而止。

语文	数学	英语
老师	学习	体育
文具	乐高	美术

图2-12　九宫格——学习

发散性思维是一种不纠结对与错的思考过程，随机性强，没有标准答案。但是，我们在实际解决问题的过程中是要讲究实用性和逻辑性的。思维导图不是绘画课，画导图的目的不是画一幅漂亮的美术作品，而是遵循导图规则解决问题。

如何才能提高发散性思维的实用性和逻辑性呢

请大家记住三个关键词：判断、选择、排序。

判断和选择是指根据要解决的问题在九宫格中找出“有用的”的思考角度。例如，提到“自我介绍”，我们可能会想到姓名、性别、年龄、爱好、工作、家人、学习、性格。如图2-13所示：

姓名	性别	年龄
性格	自我介绍	爱好
学习	家人	工作

图2-13　九宫格——自我介绍

但是，并不是九宫格中的每个思考角度都适合用在同一个场景下。所以，这就需要我们根据实际的需要，做出合理的判断和选择，并在九宫格中标记出来。如图2-14所示：

姓名 √	性别	年龄 √
性格 √	自我介绍	爱好 √
学习 √	家人	工作 √

图2-14　九宫格——自我介绍

有了这些有价值的思考角度，接下来就要对这些有效思考的角度进行逻辑排序，并用数字在九宫格中标记出序号。如图2-15所示：

姓名 √1	性别	年龄 √2
性格 √3	自我介绍	爱好 √4
学习 √6	家人	工作 √5

图2-15　九宫格——自我介绍

有了这些有效的思考角度，又有了基本的逻辑顺序，我们就可以围绕要解决的问题快速画出实用的思维导图。如图2-16所示：

图2-16 思维导图——自我介绍

低龄段孩子在画思维导图时以开放性发散性思维为主，不要刻意追求绝对的逻辑性，要帮助孩子打破惯性思维，敢于联想和想象。让孩子“敢想”是塑造大脑思维能力的第一步。

《我的房间》

儿童思维导图主题作品

《阅读计划》

儿童思维导图主题作品

《水果世界》

儿童思维导图主题作品

家长教学卡

九宫格知识便利贴

1\.

发散性思维是构建思维导图不可或缺的一部分，它就像电脑的操作系统一样重要。

2\.

大脑由一个中心主题向多个角度思考的过程就是发散性思维。

3\.

发散性思维尊重“个性思维”，是一种不纠结对与错的思考过程。

4\.

发散性思维的主要作用是以点带面，提高大脑思考问题的开阔性。

5\.

发散性思维三个核心特点：

流畅性

变通性

独特性

6\.

发散性思维有两种分类：

自由发散

定向发散

7\.

我们可以借助九宫格改掉大脑“习惯性偷懒”的坏习惯。

8\.

要想提高发散性思维的逻辑性和实用性，我们要对思考的角度进行判断、选择和排序。

9\.

倾听、肯定孩子的想法并正向引导，是我们作为家长的一项艰巨而有意义的任务。

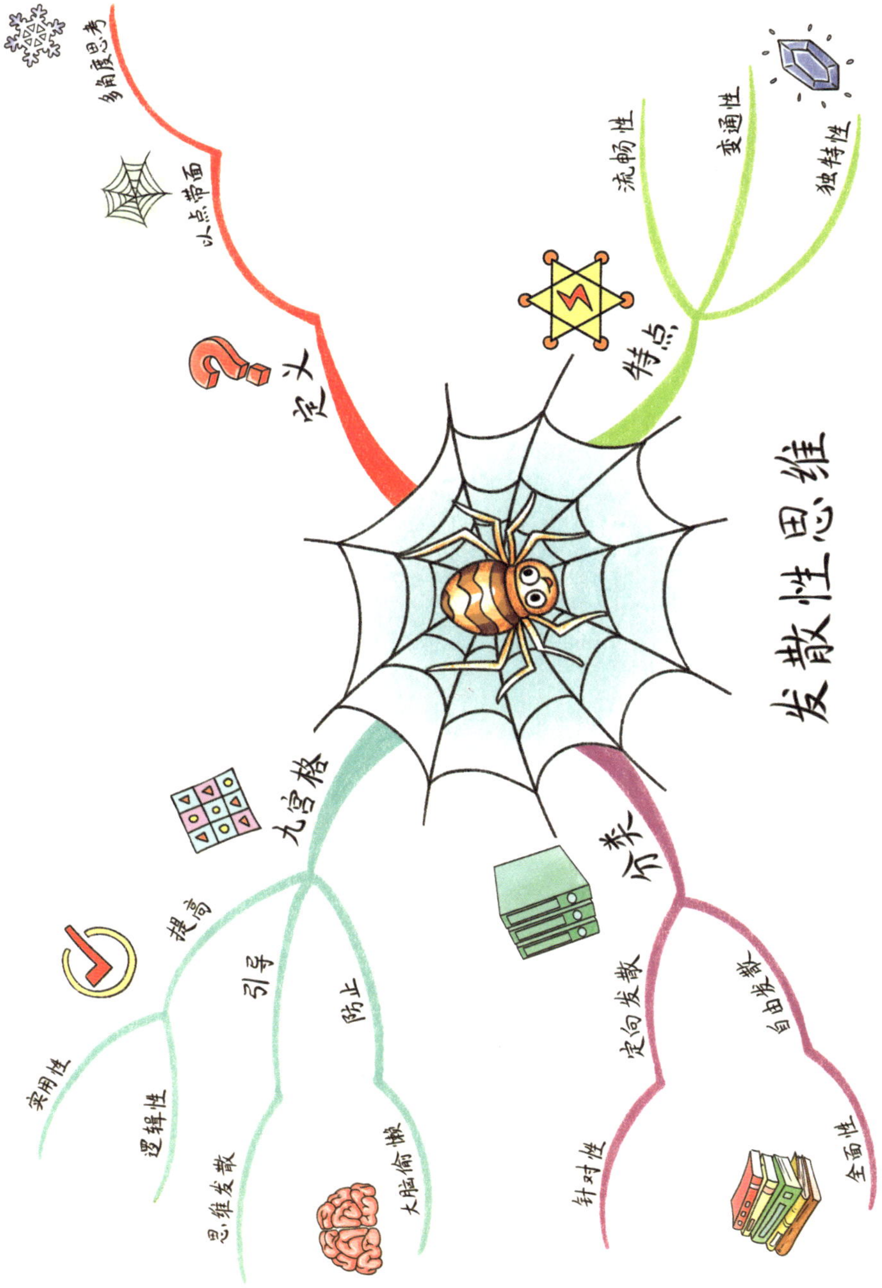
发散性思维
定义
以点带面
多角度思考
特点
流畅性
变通性
独特性
分类
定向发散
针对性
自由发散
全面性
九宫格
提高
实用性
逻辑性
引导
思维发散
防止
大脑偷懒

家长操作指南

扫码听课→

第三章

中心图

——聚焦思考的目标

- 中心图的作用
- 中心图的大小及颜色
- 如何快速联想中心图

一切思考皆有目的性

亲爱的家长朋友们，上一章我们的“思维列车”停靠在了“大脑古堡”站。通过在古堡里的参观和学习，我们知道了要想学会思维导图必须启动大脑思维的“小·马达”——发散性思维。既然我们掌握了这个经常被人忽视的秘密。接下来的几个章节我们就要真正地撸起袖子加油练，一张导图画到底了。

这一章我们的“思维列车”停靠在了“中央广场”站，让我们一起锁定目标，找到大脑思考的起点，开启我们新的征程吧！

中心图的作用

中心图是整幅思维导图中最大的图像（如图3-1所示）。它位于思维导图的中央位置，占据绝对C位。中心图主要用来表达整幅思维导图的中心思想，相当于课文题目。它就像一颗思维的种子，种在白纸的最中央，然后生根、发芽、开花、结果，最后成长为一幅图文并茂的思维大树——思维导图。

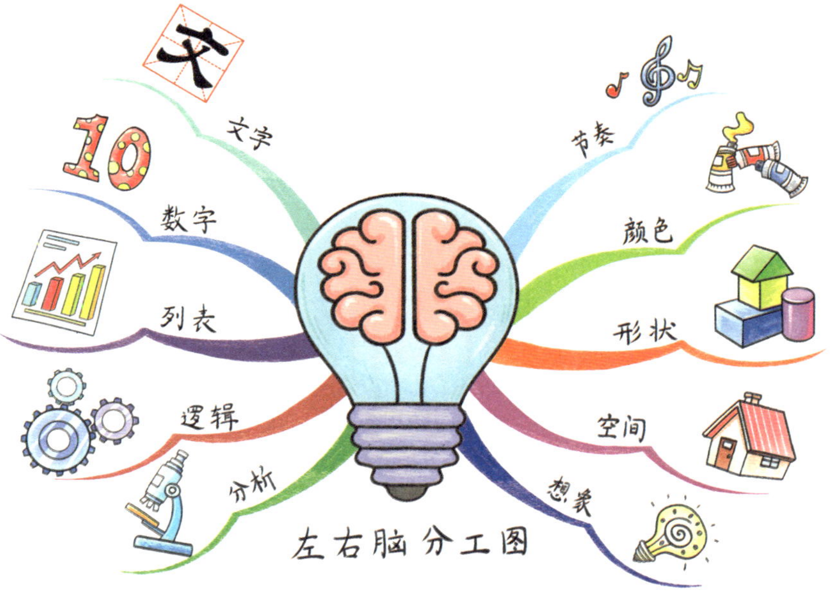

图3-1　思维导图——左右脑分工图

中心图不是凭空想象出来的，而是由思维导图的中心主题决定的。比如，你想要画一幅关于“我爱学习”的主题思维导图，就可以把中心图画成“一个人在读书”（如图3-2所示）或“一本书”，甚至可以是一个“博士帽”。因为，这些图像都与学习这个概念或事情有关联性。再比如，你想画一幅关于“开心的事”的主题思维导图，就可以画“一张笑脸”或者“一本印着笑脸的笔记本”（如图3-3所示）等。画完中心图像后记得把中心主题写在中心图的正下方，这样做的好处是中心主题可以用来解释图像，图像可以用来辅助大脑视觉化记忆和理解。如下图所示：

图3-2　中心图——我爱学习

图3-3　中心图——开心的事

中心图是整幅思维导图思考的“起点”。图文并茂的中心图可以形象化地告诉大脑这幅思维导图的中心思想是什么，画这幅思维导图的目的以及要解决的问题是什么。所以，在画之前一定要先想清楚，然后再动笔去画。明确了画思维导图的目的，你画的思维导图有实用性，才能真正地帮助你解决问题。因此，在孩子画思维导图前，一定要问问他为什么要画这幅思维导图，想解决什么问题。

思维导图不是绘画课，所以不必担心你画的中心图是否美观。只要你自己能看得懂，知道它代表什么意思，即使它非常简单或粗糙，都是有用的中心图。如图3–4所示：

图3–4　中心图——自我介绍

中心图的大小及颜色

中心图是整幅思维导图中“块头”最大的图像。但是，中心图不能大到离谱，以致占据太多空间。所以，在孩子画思维导图时一定要提醒他们，中心图不要大于白纸的1/9。太大的中心图会占据分支布局的空间，造成分支画不开。如图3–5所示：

图3–5 需要规避的中心图（大于1/9）

另外，中心图也不能太小，不能小于白纸的1/12。太小的中心图主分支间隔比较小，分支布局时容易造成拥堵（如图3–6所示）。所以，中心图一般不小于白纸的1/12，不大于白纸的1/9。如图3–7所示：

图3–6　需要规避的中心图（小于1/12）

图3–7　标准大小的中心图（1/12）

中心图的颜色一般是在三种（含三种）以上。颜色是思维导图五大组成要素之一，也是中心图中不可或缺的一部分。丰富的颜色可以缓解视觉疲劳，增强阅读舒适感，让大脑的注意力更集中。如图3–8所示:

图3–8 中心图颜色对比图

如何快速联想中心图

“如何让孩子根据中心主题快速联想到需要画什么中心图？”这是许多家长在引导孩子训练过程中最常问的一个问题。方法非常简单，就是抓住大脑的“第一印象”。当孩子确定了思维导图的中心主题后，大脑首选根据中心主题所联想到的第一个图像作为中心图来使用。因为，这个图像对于大脑来说可以使判断或回忆的路径最短。

举例说明，提到“健康饮食”，我第一印象会联想到“一个红苹果”。所以，我会画一个“苹果”作为中心图。提到“我的爱好”我会联想到“踢足球”，所以，我会画一个“足球”作为中心图。再比如，提到“考试计划”我会联想到一张“计划表”，我会画一张“计划表”的图像作为中心图。如图3-9所示：

图3-9 中心图案例

画思维导图时，白纸一定要横向摆放。横向摆放的白纸可以拉大左右视觉宽度，大脑开阔性强，压抑感小，更放松，分支布局更容易。所以，你会发现我们生活中许多显示屏一般都是横向的。比如，电脑屏幕、电视屏幕、投影幕布、影院幕布等。当然，最本质的原因是我们的两只眼睛是横着长的，左边一只，右边一只。如果我们的眼睛是上面一只，下面一只，估计白纸就要纵向摆放了。

《我爱读书》

儿童思维导图主题作品

《生日礼物》

儿童思维导图主题作品

《健康生活习惯》

儿童思维导图主题作品

家长教学卡

九宫格知识便利贴

1\. 中心图是整幅思维导图中最大的图像，它位于思维导图的中央位置，绝对“C 位（中心位）”。

2\. 中心图主要用来表达整幅思维导图的中心思想，相当于课文题目。

3\. 中心图不是凭空想象出来的，而是由思维导图的中心主题决定的。

4\. 中心图是整幅思维导图思考的“起点”。

5\. 图文并茂的中心图可以形象化地告诉大脑这幅思维导图的中心思想是什么，画这幅思维导图的目的以及要解决的问题是什么。

6\. 思维导图不是绘画课，所以不必担心你画的中心图是否美观。

7\. 中心图一般不小于白纸的 1/12，不大于白纸的 1/9。

8\. 中心图是整幅思维导图中“块头”最大的图像，颜色一般有 3 种或 3 种以上。

9\. 快速联想中心图需要抓住大脑的“第一印象”。

家长操作指南

扫码听课→

第四章

分支

——拓展解决问题的思路

- 分支的作用
- 分支的粗细及颜色
- 为什么不能画垂直的分支

你的大脑需要清晰的GPS导航

亲爱的家长朋友们，上一章我们的“思维列车”停靠在了“中央广场”站。我们知道了画一幅思维导图前一定要想清楚画这幅思维导图的目的是什么，要解决什么问题。一切思考皆有目的性，中心图就是孩子思考的“起点”。但是，光有起点是不行的，我们还必须知道应该往哪里跑。这一章我们的“思维列车”停靠在了“神经元实验室”站，让我们一步一步画出思维的“高速公路”，向着目标出发。

分支的作用

前面我们讲过，大脑的记忆原理非常简单。当你学到一个新知识时，大脑中就会形成一个新的神经连接。一开始，这个神经连接相当脆弱和不稳定，但每次你对获得的新知识加以重复时，这一连接就会得到加强。重复加强大脑的神经连接有助于巩固学习和记忆效果。每次重复，大脑都会释放髓磷脂，这种物质会包裹住神经元，帮助信息更有效地传递，于是大脑在完成某项任务时就会更加顺利。

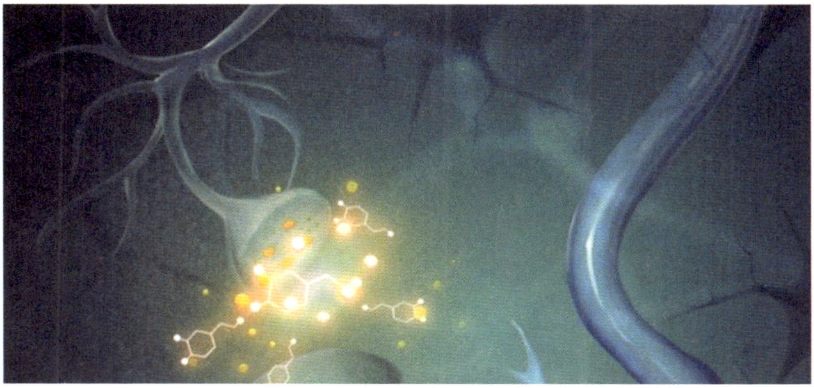

图4-1　大脑神经元图

思维导图模拟的是大脑神经元的学习与工作机制，与大脑神经元有着相似的发散结构。画思维导图就是画“思维地图”，把大脑解决问题的过程通过分支间的连接一步一步画出来。

分支是发散性思维的“视觉化”产物。它把我们头脑中不同角度的想法和观点，通过层级关系表达出来。与中心图相连且最粗大的分支叫主分支，然后是二级分支、三级分支等（如图4–2所示）。主分支的数量是由中心主题有效思考角度的数量决定的。如果有效思考角度是四个，思维导图就有四条主分支；如果有效思考角度是六个，思维导图就有六条主分支，以此类推。

图4–2　思维导图——高兴

例如，假设孩子要画一幅主题为“我的好朋友”的思维导图。根据中心主题大脑发散的思维，孩子最终可能想到了生活中的四个好朋友，那么这幅思维导图最少就有四条主分支。如图4–3所示：

图4–3　思维导图——我的好朋友

分支的粗细及颜色

仔细观察每幅思维导图，我们可以看得出来每条分支，尤其是主分支的结构是由粗到细、自然弯曲的。这样画的好处在于既缓解了阅读时的视觉疲劳感，又可以带动阅读时的视觉走向。分支就像一根细长的手指，指引我们思考的方向。

主分支的颜色与其后面的次级分支颜色要统一，即主次统一。而且，在同一幅思维导图中主分支的颜色尽量不重复，但不是绝对的。因为，颜色是非常好的分类元素，不同的颜色可以方便大脑快速分辨出不同的信息群。

思维导图中的第一条主分支是在中心图右上角大约2点钟的方向画出来，然后按照顺时针进行排列。顺时针的分支排列结构让大脑阅读时会更自然和放松，眼睛的整个阅读路径就像画了一个大大的圆，体验感非常流畅。

画思维导图时，如果分支从白纸的右侧布局到左侧时，要从右上角画出主分支，后面的二级分支建议大家尽量也由上而下进行布局（如图4-4所示），这样整幅思维导图的分支布局都是顺时针，阅读路径就会更加流畅，阅读时一气呵成，避免了没有必要的视觉跳跃过程。东尼·博赞先生在这一问题上并没有刻意要求左侧二级分支一定要“由下而上”进行布局，但通过大量实践证明，如果我们养成了左侧分支“由下而上”的布局习惯，大脑在阅读和理解思维导图时的效率会有很大的提高。

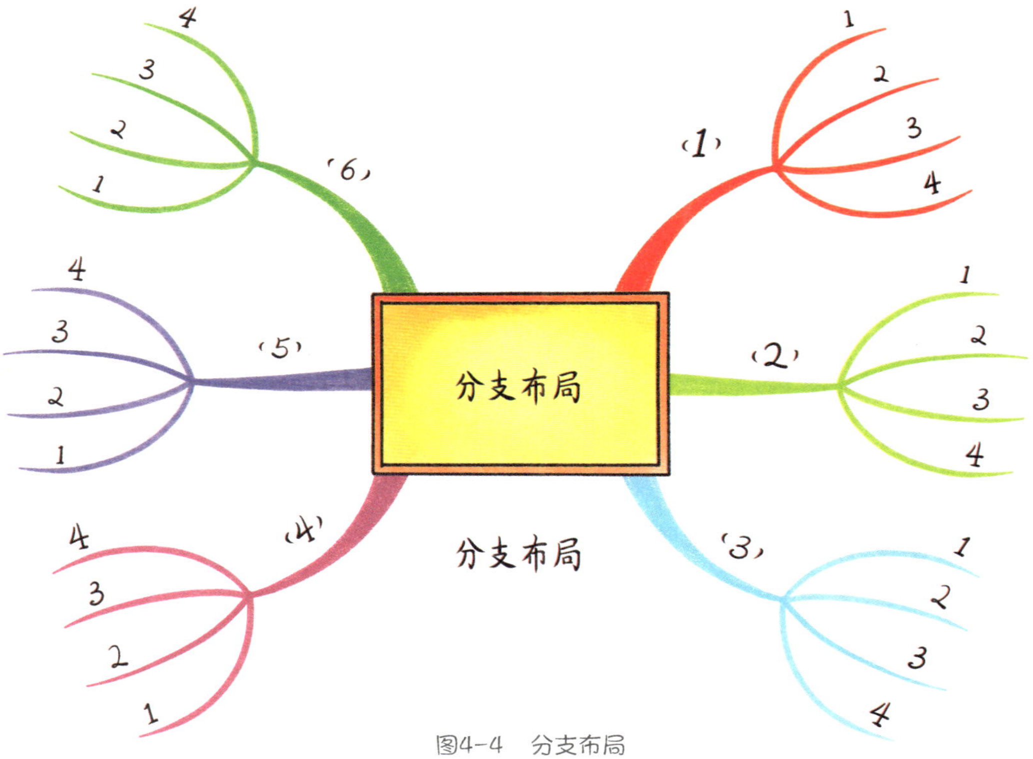

图4-4　分支布局

为什么不能画垂直的分支

画思维导图时分支不能垂直。因为每条分支上都要填写关键词，分支要起到“托举”关键词的作用。如果我们把关键词比喻成一辆小汽车，分支就相当于马路。在垂直的马路上小汽车爬起来会相当吃力。如果从心理学的角度来解读，不垂直的分支安全性更高，摆放东西更稳固，填写关键词更方便。如果分支是垂直的，那么关键词只能像树懒一样死死地抱在分支上，看起来比较累，而且不方便进行视觉阅读。如图4-5、图4-6所示：

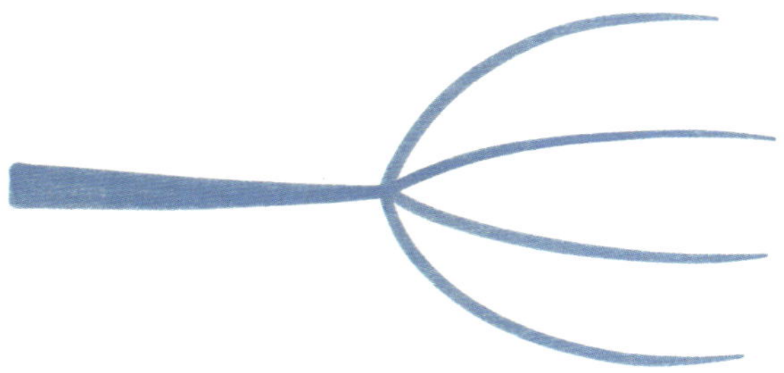

图4-5　符合标准的分支

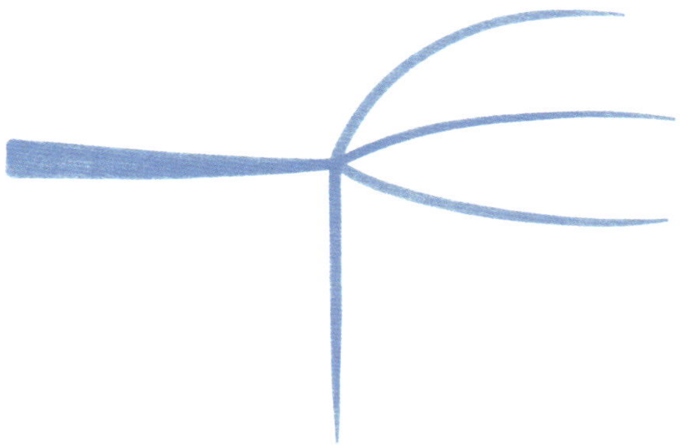

图4-6　需要避免的分支

画思维导图时除了分支不能垂直之外，还要注意以下误区：

1. 主分支与中心图断开，视觉记忆缺乏整体性。如图4-7、图4-8所示：

图4-7　需要避免的分支

图4-8　符合标准的分支

2. 分支没有连在一起，缺乏整体性和连贯性。如图4-9、图4-10所示：

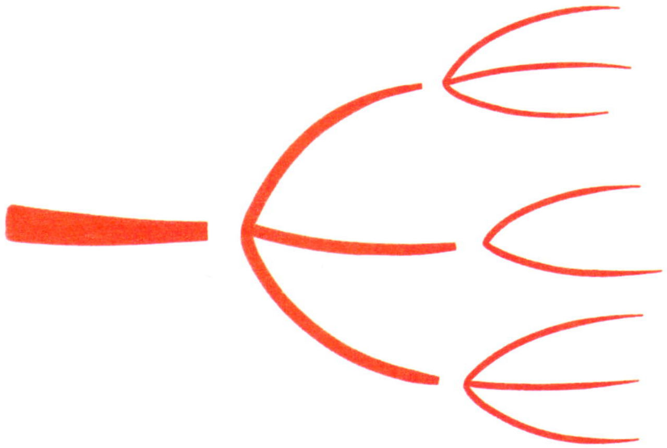

图4-9　需要避免的分支

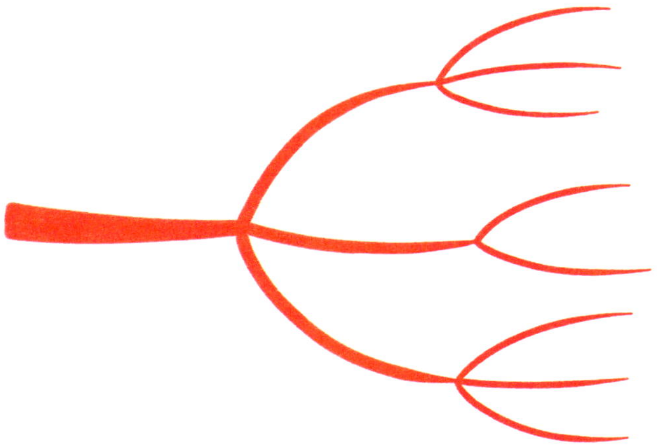

图4-10　符合标准的分支

3. 分支过度拐弯，打乱了流畅的发散结构，造成阅读障碍。如图4-11、图4-12所示：

图4-11　需要避免的分支

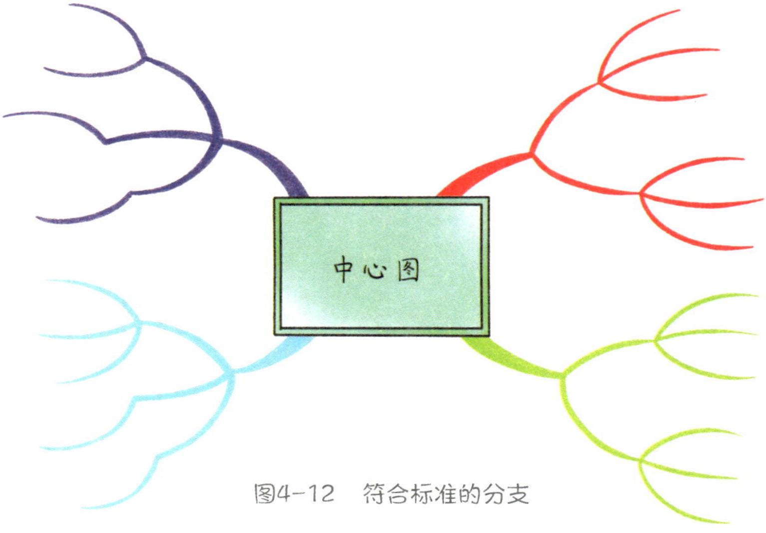

图4-12　符合标准的分支

以下是一幅标准的分支布局图：

图4-13 标准的思维导图分支布局

《旅行计划》

儿童思维导图主题作品

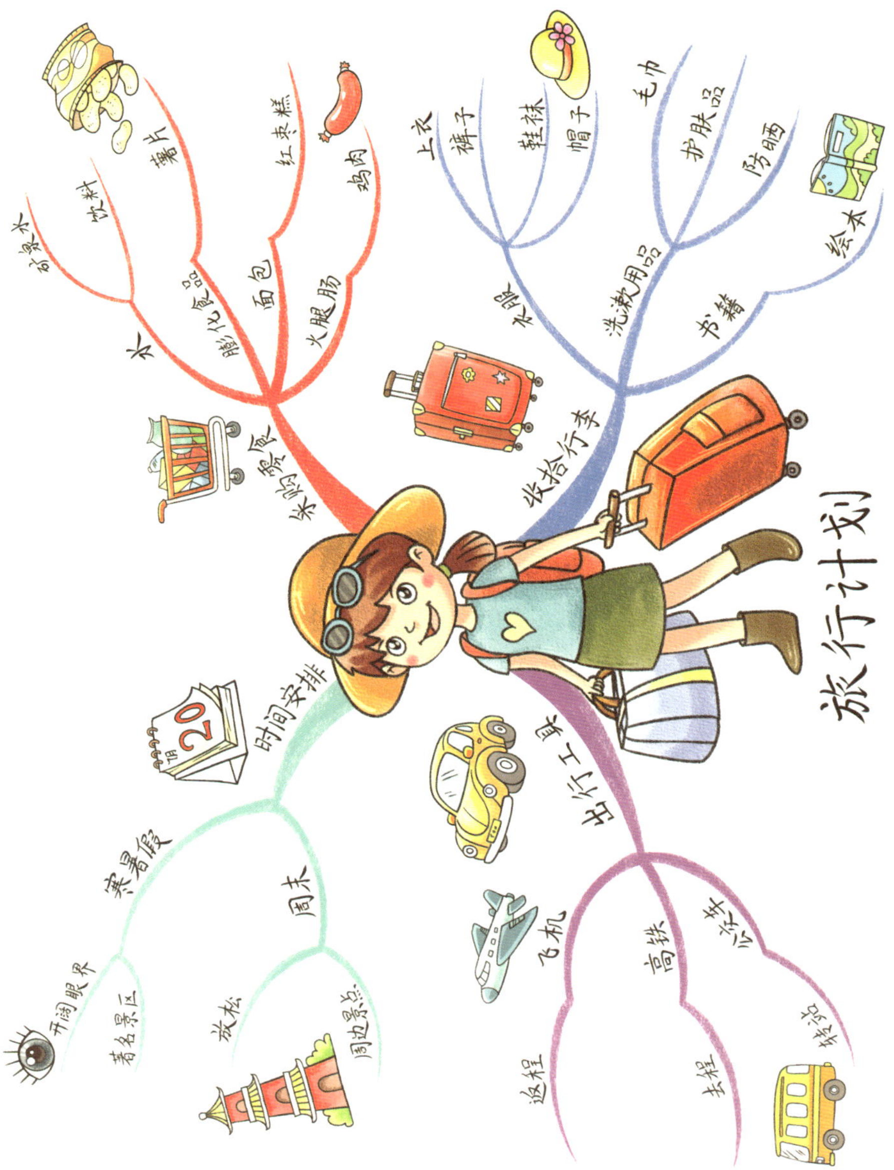

《爷爷的花园》

儿童思维导图主题作品

《过新年》

儿童思维导图主题作品

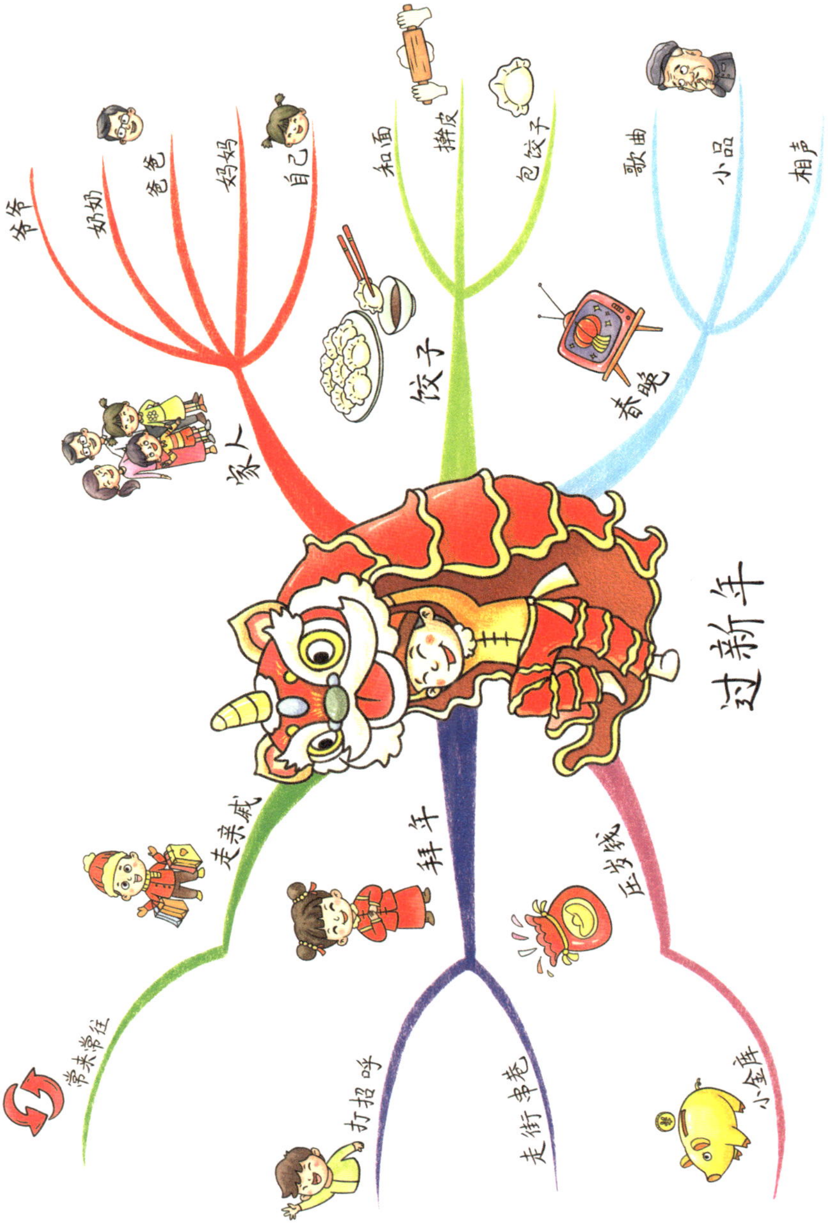

家长教学卡

九宫格知识便利贴

1.
思维导图模拟的是大脑神经元的学习与工作机制，与大脑神经元有着相似的发散结构。

2.
与中心图相连且最粗大的分支叫主分支，然后是二级分支、三级分支等。

3.
分支要由粗到细、自然弯曲，这样画既缓解了阅读时的视觉疲劳感，又可以带动阅读时的视觉走向。

4.
主分支的颜色与其后面的次分支颜色要统一，即主次统一。

5.
思维导图中的第一条主分支是在中心图右上角大约 2 点钟的方向画出来，然后按照顺时针进行排列。

6.
画思维导图时分支不能垂直，分支要起到“托举”关键词的作用。

7.
主分支一定要和中心图相连。

8.
分支要连在一起，保障阅读时的整体性和连贯性。

9.
画思维导图时分支要避免过度拐弯，以免打乱流畅的发散结构，造成阅读障碍。

分支
分支
发散思维
路径
作用
思考过程
可视化
不要
画
垂直
颜色
主次统一

第五章

关键词

——提高思考的精准度

- 关键词的作用
- 如何提取关键词
- 关键词的三种常见关系

顽皮的大脑里有座“造车厂”

亲爱的家长朋友们，上一章我们的“思维列车”停靠在了“神经元实验室”站。我们知道了画思维导图就是画“思维地图”，把大脑解决问题的过程通过分支间的连接一步一步画出来。每一条分支就像一个停车位，每一个关键词相当于一辆小汽车。但是只有停车位是不行的，停车位上必须停放小汽车才有意义。所以，这一章我们的“思维列车”停靠在了“顽皮大脑造车厂”站。小汽车从何而来？让我们一起走进“顽皮大脑造车厂”寻找答案吧。

关键词的作用

关键词是填写在分支上的词语，而不是长长的句子。关键词主要用来精准表达分支上的核心思想。填写关键词时首选黑色，因为黑色的关键词和颜色丰富的分支有明显的对比度，视觉识别度高，阅读更聚焦。

另外，关键词的颜色也可以和其所在的分支颜色统一。比如，红色分支上的关键词可以是黑色或红色的（如图5-1、图5-2所示）。但是，红色分支不能使用绿色的关键词（如图5-3所示），蓝色的分支也不能使用红色的关键词。

因此，为了方便大脑快速识别和阅读关键词，关键词的颜色在填写时首选黑色。

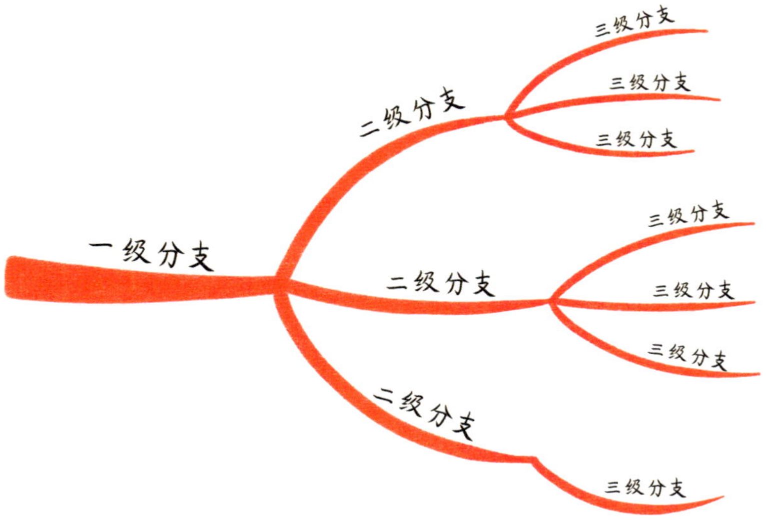

图5-1 黑色的关键词——正确

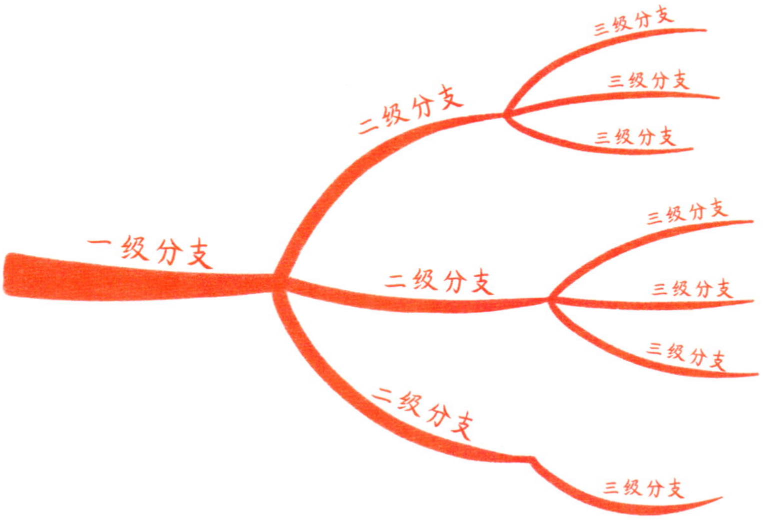

图5-2 与分支同色的关键词——正确

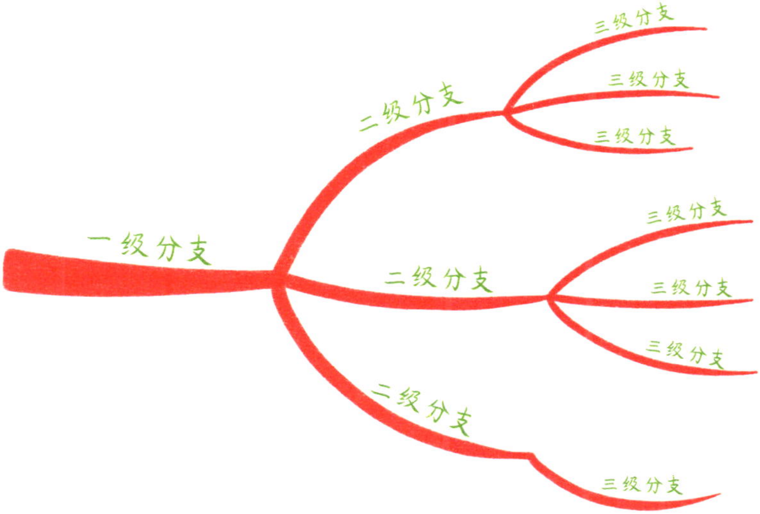

图5-3　颜色不谐调的关键词——错误

我们在填写关键词时有一点要特别注意：关键词要由内向外依次变小，整体呈发散状（如图5-4所示）。关键词这种由大到小的变化，整体呈发散状，可以由内向外更好地引导眼睛的阅读路径。

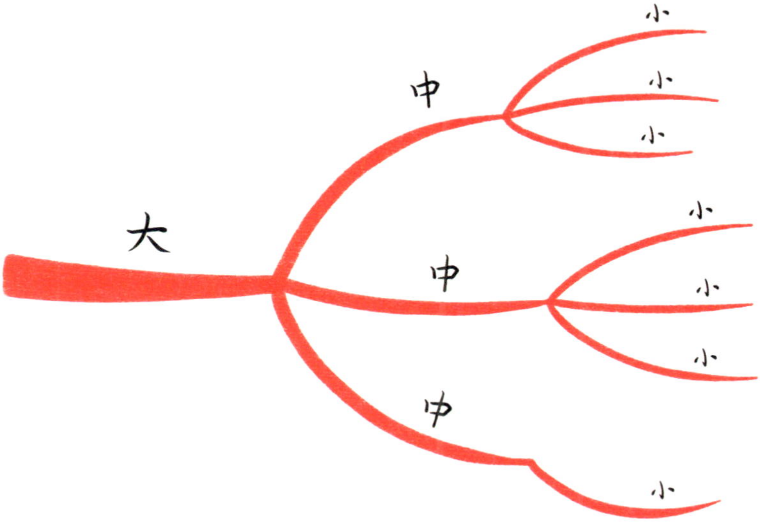

图5-4　关键词由内向外依次变小

如何提取关键词

关键词一定要填写在分支的上面，问题是思维导图中的关键词从何而来？

大脑获取关键词有两种方式：

第一种方式是发散性思维。

比如通过中心关键词“运动”，大脑发散性思维可能联想到“跑步、足球、篮球、跳远、体操、羽毛球”等。大脑可以基于某个中心主题快速收集和整理更多的关键词。

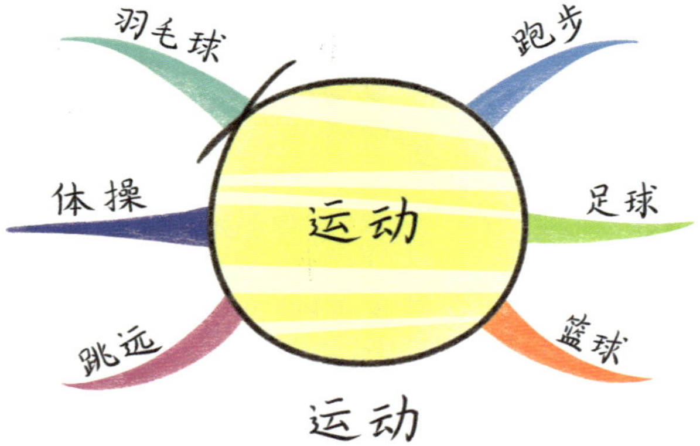

图5-5 发散性思维——运动

第二种是在阅读过程中分析并提取关键词。

例如，“我喜欢阅读”的关键词是“我、喜欢、阅读”。

判断关键词有两个基本原则：

1. 句子中的主语一定是关键词，比如“我”。

2. 句子中动词或形容词的后面一定有关键词，比如“喜欢”后面的关键词是“阅读”。

在一句话中“动词”往往也是关键词，负责联结前后两个关键词之间的逻辑关系。比如上面这句话中的“喜欢”。如果只是“我、阅读”两个关键词的话，我们是没有办法确定“我是否喜欢阅读”这件事情的。

图5-6　关键词分支布局

画思维导图时，家长一定要提醒孩子，填写关键词要遵循“一线一词”的原则，即每条分支上只写一个关键词，而且不要使用短句或长句。因为，单个关键词会让阅读更聚焦，视觉压力小，而且单个关键词的发散性要比短句子或长句子更强，比如，“玩具”要远比“我的玩具”发散性思维的面更广。另外，如果一件事情需要用多个关键词才能表达清楚，我们就用多条分支来布局这些关键词，但是不能使用句子。

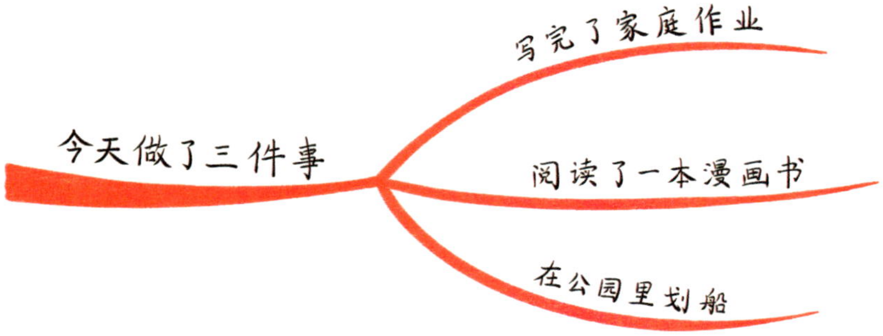

图5-7　错误的填写方式——使用长句子

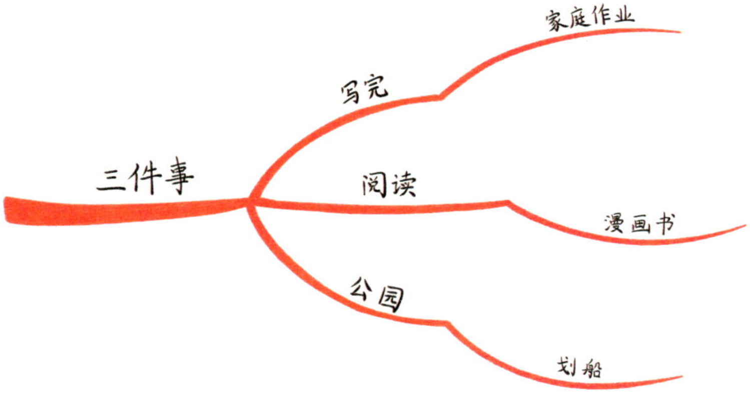

图5-8　正确的填写方式——单个关键词

关键词的三种常见关系

关键词是每一条分支上的中心思想。没有关键词，我们就无法精准表达出我们的想法。关键词之间的关系决定了思维导图中分支的结构。在一幅思维导图中常见的关键词关系有三种。

一、推导关系

推导关系的关键词一般使用环环相扣的分支布局。

例1：我喜欢上思维导图课。

关键词：我、喜欢、思维导图课。

图5-9　关键词分支布局

例2：李雷今天迟到了。

关键词：李雷、今天、迟到。

图5-10　关键词分支布局

例3：韩梅梅讨厌黑色。

关键词：韩梅梅、讨厌、黑色。

图5-11　关键词分支布局

二、并列关系

并列关系的关键词一定是发散结构，像我们伸开的手掌。

例1：一年四季包括春天、夏天、秋天、冬天。

关键词：四季、春天、夏天、秋天、冬天。

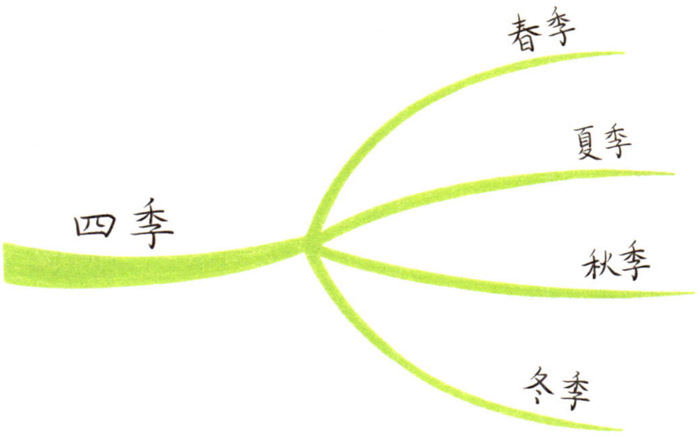

图5-12　关键词分支布局

例2：我捡到一支铅笔和一块橡皮。

关键词：我、捡到、铅笔、橡皮。

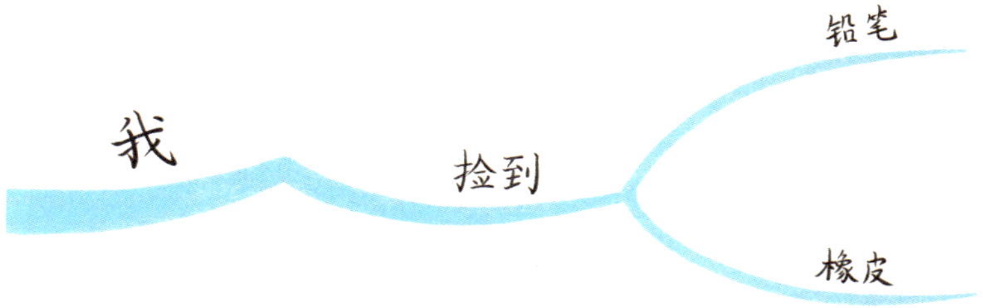

图5-13　关键词分支布局

例3：小樱桃喜欢红色、绿色和蓝色。

关键词：小樱桃、喜欢、红色、绿色、蓝色。

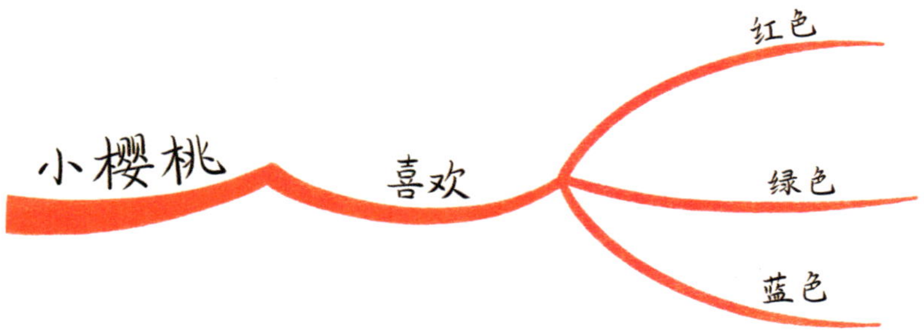

图5-14 关键词分支布局

三、混合关系

混合关系是一个思维导图中最常见的关键词关系，混合关系的关键词分支布局的结构就像一棵繁茂的参天大树。

例1：我喜欢上语文课和英语课，讨厌上数学课。

关键词：我、喜欢、语文课、英语课、讨厌、数学课。

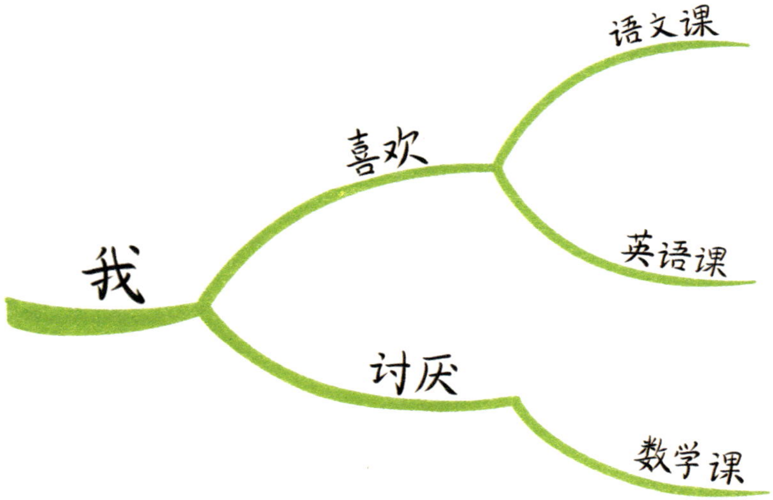

图5-15 关键词分支布局

例2：我的朋友小萌喜欢音乐和画画，大壮喜欢踢足球，小黑子喜欢跑步、跳绳和街舞。

关键词：朋友、小萌、喜欢、音乐、画画、大壮、足球、小黑子、跑步、跳绳、街舞。

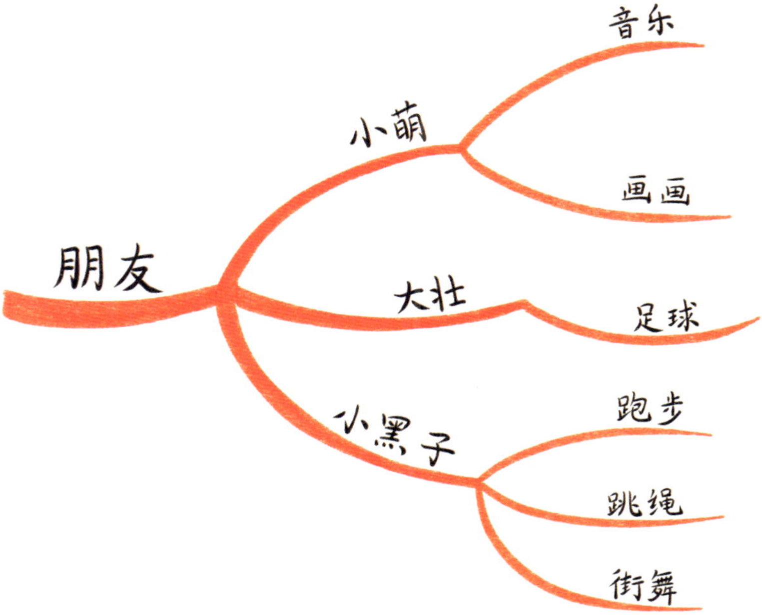

图5-16　关键词分支布局

例3：幸福是母亲的叮咛，幸福是老师的问候，幸福是朋友的关心。

关键词：幸福、母亲、叮咛、老师、问候、朋友、关心。

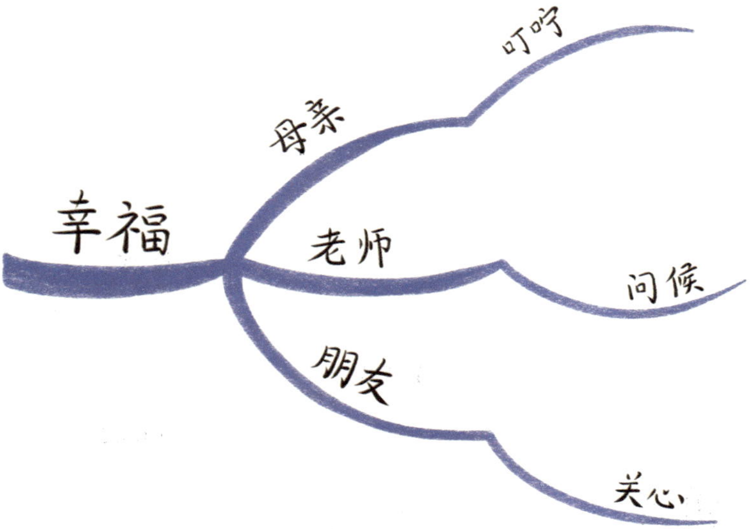

图5-17　关键词分支布局

低龄段的孩子识字量和理解力有限，对他们来说，首先要搞清楚什么是关键词，分清楚句子中哪些是关键词，然后才能够用分支把关键词之间的关系画出来。俗话说，熟能生巧，所以，要想孩子掌握这一能力，一定离不开刻意的练习。

《我是运动小达人》

儿童思维导图主题作品

《卫生小标兵》

儿童思维导图主题作品

《我爱美术课》

儿童思维导图主题作品

家长教学卡

九宫格知识便利贴

1\. 关键词是填写在分支上的词语，而不是长长的句子。

2\. 关键词主要用来精准表达分支上的核心思想。

3\. 填写关键词时首选黑色，因为黑色的关键词和颜色丰富的分支有明显的对比度，视觉识别度高，阅读更聚焦。

4\. 关键词的颜色也可以和其所在的分支颜色统一。

5\. 关键词要由内向外依次变小，整体呈发散状。

6\. 大脑获取关键词的第一种方式是：发散性思维。

7\. 大脑获取关键词的第二种方式是：在句子中分析提取。

8\. 主语一定是句子中的关键词，另外形容词和动词的后面一定要有关键词。

9\. 关键词有三种常见关系：

推导关系

并列关系

混合关系

关键词
词典
关键词
分支
思想
颜色
首选
黑色
关系
混合式
并列式
推导式
位置
分支上
小汽车

第六章

关键图

——标记思维爆点

- 关键图的作用
- 关键图的大小及颜色
- 快速联想关键图

给大脑贴上“记忆标签”

亲爱的家长朋友们，上一章我们的“思维列车”停靠在了“顽皮大脑造车厂”站。我们知道了填写关键词时要遵循“一线一词”的基本原则，一个车位只能停放一辆小汽车。我们也知道了这些小汽车从何而来，以及如何生产出这些小汽车。这一章我们的“思维列车”停靠在了“涂鸦广场”站。让我们一起给小汽车“化妆”，让思维导图充满奇思妙想吧！

关键图的作用

关键图是零散分布在思维导图中的小图像。它们扮演着“记忆标签”的角色，可以起到辅助记忆的强大作用。画关键图还可以激发孩子的想象力、创造力以及图像思维能力。关键词和关键图尽量同时存在，一方面可以达到“图文并茂”的视觉效果，另一方面，还可以实现关键词和关键图之间的相互提醒，避免遗忘关键图原本意思的可能性。

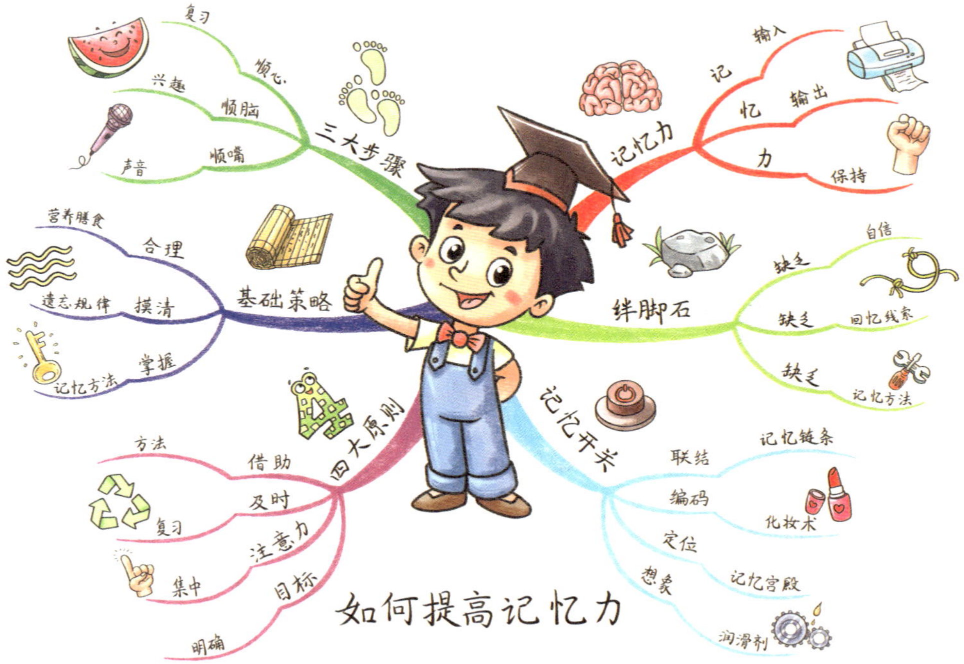

图6-1 思维导图作品

关键图的大小及颜色

关键图一般画在对应关键词的上面。如果我们把思维导图比作一株玫瑰，分支相当于枝干，关键词就是叶子，而关键图就是枝头盛开的玫瑰花。关键图不仅耀眼夺目，而且可以增加阅读过程中的趣味性，视觉不容易疲劳，大脑注意力也更加集中。一幅思维导图中的关键图不一定要有很多，但一定要有。关键图的颜色一般有两种或两种以上。如图6–2、图6–3所示：

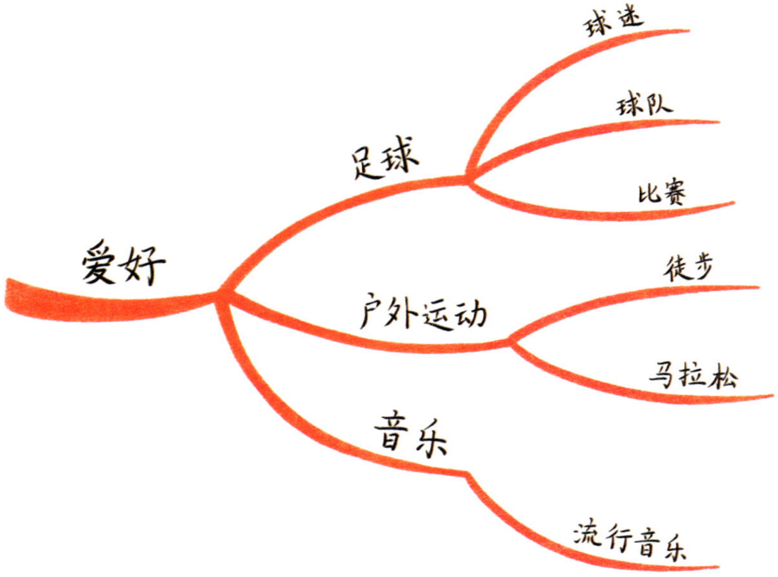

图6–2　没有关键图的分支布局

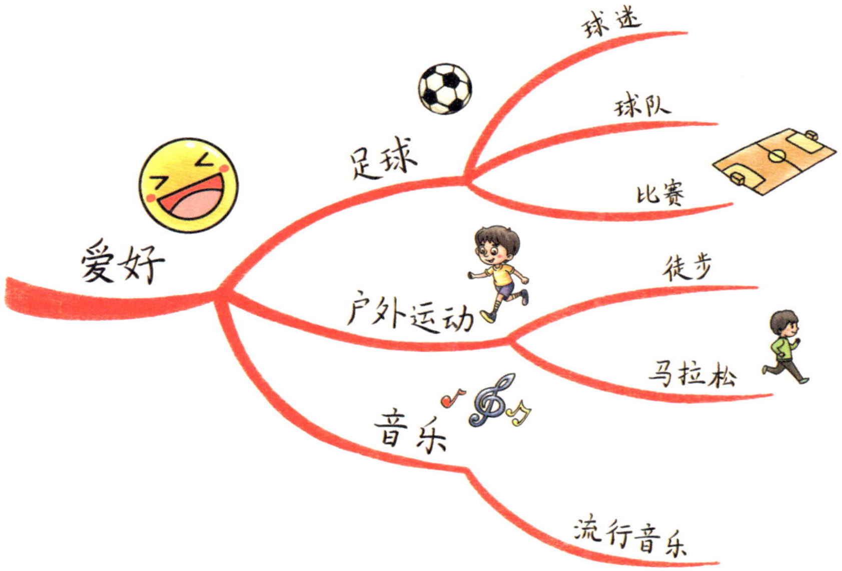

图6-3　有关键图的分支布局

快速联想关键图

关键图是由关键词决定的。快速联想关键图的方法与确定中心图的方式一样 —— 抓住“第一印象”。当孩子在分支上填写完关键词后，首选大脑根据分支上的关键词所联想到的第一个图像作为关键图。因为，这个图像对于大脑来说判断或回忆的路径最短。

关键词有两种分类：形象词和抽象词。

形象的关键词一般是现实生活中对应的具体东西。

比如，提到关键词“西瓜”，我们可以画一个西瓜的图像。形象的关键词在进行“文图转换”时相对直接和简单。我们只需大胆去尝试画出它的基本样子就可以。

关键图只要自己能看懂即可，哪怕“丑”一点也没关系。前面的章节中，我们一直在强调思维导图不是美术课，画思维导图追求的不是美观度，而是遵循规则解决问题。

图6-4　形象关键词——关键图

抽象的关键词图像感比较弱，在画思维导图时最常用的方法是“联想法”，即根据关键词的基本意思联想到某个与之有关联性的图像。

比如，提到“开心”我们可以画一个“笑脸”，提到“成长”我们可以画一棵“大树”，提到“发现”我们可以画一个“望远镜”，这就是联想法。

图6-5　抽象关键词——关键图

有关键图的思维导图阅读体验感丰富，记忆更牢固；没有关键图的思维导图缺乏生命力，阅读体验感稍显单调。低龄段的孩子有着强烈的图像表达欲，多用关键图，多画关键图，既动手，又动脑，手脑并用，全面开发孩子的学习潜能。

《小狗丹尼》

儿童思维导图主题作品

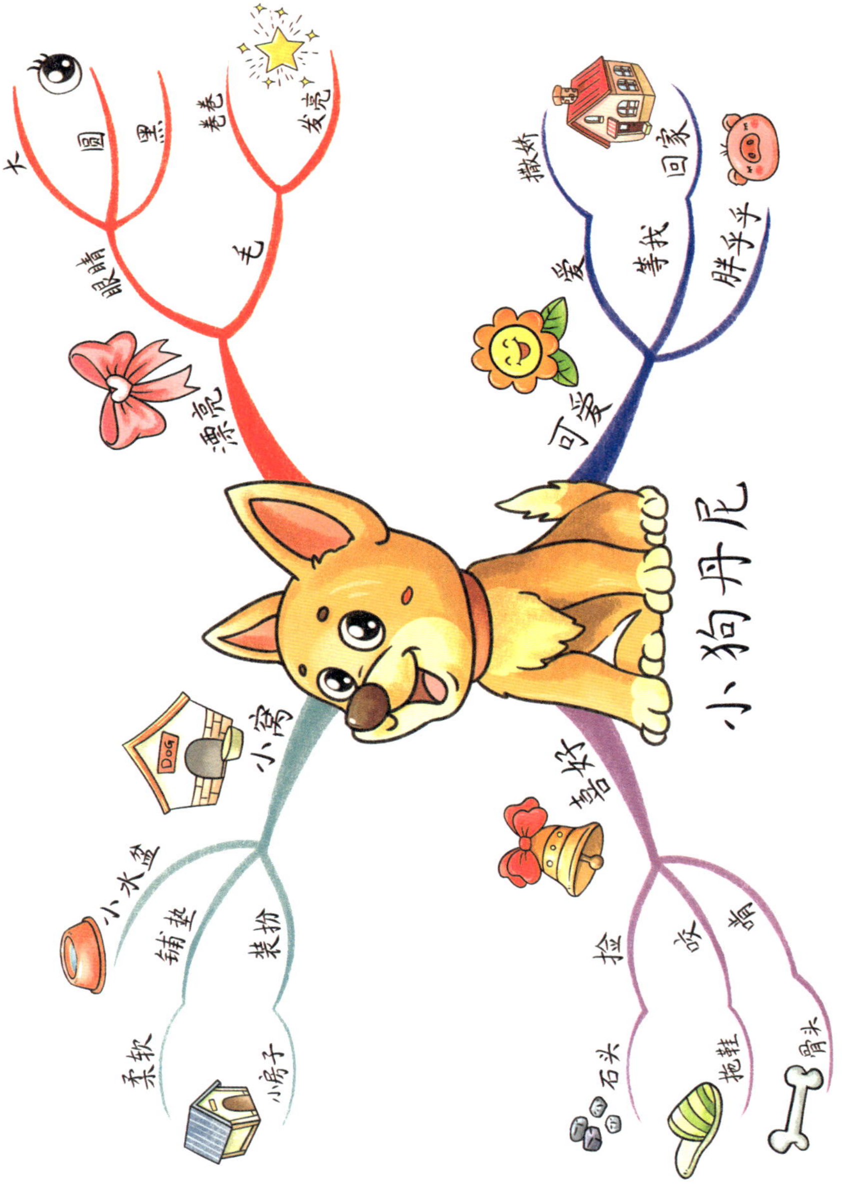

《小魔方 大智慧》

儿童思维导图主题作品

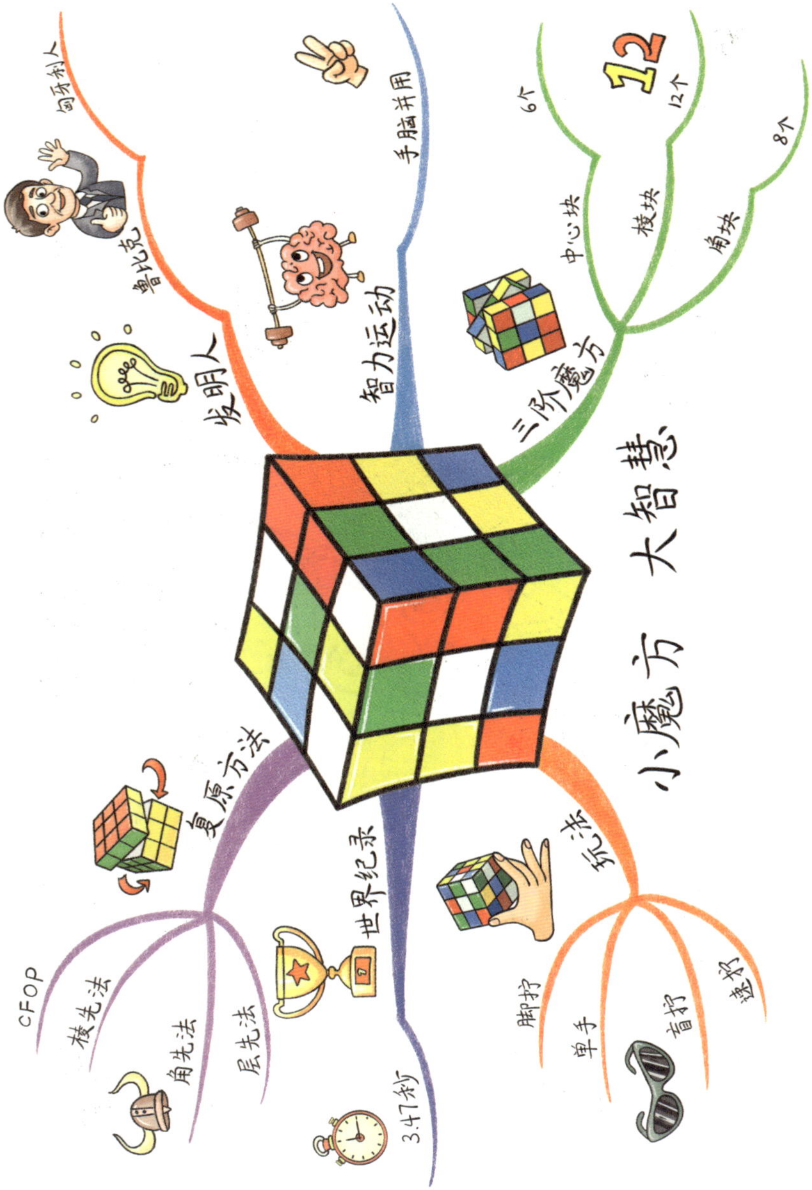

《大熊猫》

儿童思维导图主题作品

家长教学卡
九宫格知识便利贴

1. 关键图是零散分布在思维导图中的小图像。

2. 关键图扮演着“记忆标签”的角色，可以起到辅助记忆的强大作用。

3. 画关键图还可以激发孩子的想象力、创造力，以及图像思维能力。

4. 关键词和关键图尽量同时存在，可以达到“图文并茂”的视觉效果。

5. 关键图一般画在对应关键词的上面。

6. 一幅思维导图中的关键图不一定要有很多，但一定要有。

7. 关键图不能大于中心图。

8. 关键图的颜色一般有两种或两种以上。

9. 关键图是由关键词决定的，要想快速联想关键图，同样也要抓住大脑的“第一印象”。

家长操作指南

扫码听课→

第七章

颜色

——思维的润滑剂

- 颜色的作用
- 思维导图颜色使用技巧

给你点“颜色”看看

亲爱的家长朋友们，上一章我们的“思维列车”停靠在了“涂鸦广场”站。我们知道了关键图在思维导图中起到了“记忆标签”的重要作用。没有关键图的思维导图是缺乏生命力的。如何让你的思维导图更加绚丽夺目？这一章我们的“思维列车”停靠在了“彩虹屋”站，给你的大脑一点“颜色”看看。

颜色的作用

凡高说："没有不好的颜色，只有不好的搭配。"颜色是通过眼、脑和我们的生活经验对光所产生的一种视觉效应。每个人喜欢的颜色各有不同，对同一种颜色的心理反应也不一样，就像不同的人会选择不同颜色和风格的衣服。适合自己的颜色，才是最好的。

我们都生活在一个五彩缤纷的大千世界里，颜色在我们的生活中有许多特殊的作用和意义。

交通信号灯是我们在马路上最常见的，它为什么是由红、黄、绿三种颜色组成的？

因为，红色光的波长比较长，红灯十分醒目，所以作为警示灯最合适；绿色光的光线比较柔和，与红色光形成鲜明的对比，所以用绿灯表示可以安全通行；黄色灯的散射强度比较大，所以黄灯很适合在红灯和绿灯相互切换时起到提醒的作用。工人佩戴的安全帽是黄色的。黄色帽顶象征交通红绿灯的黄灯，表示安全提醒。另外黄色较之其他颜色更醒目，同时给人很温暖的感觉。

思维导图之所以是颜色丰富的发散结构，有三个原因：

1. 丰富的颜色可以让思维导图更有活力，集中大脑的注意力。

2. 丰富的颜色可以缓解视觉疲劳，大脑阅读思维导图时不觉得无聊。

3. 丰富的颜色可以辅助分类，帮助大脑通过颜色快速辨识同类信息。

思维导图颜色使用技巧

孩子们在画思维导图的中心图时，选用的颜色要在三种（含三种）以上；分支的颜色要主次统一；关键词的颜色首选黑色；关键图的颜色要在两种（含两种）以上。还有一点大家要特别注意：相邻分支的颜色要有“跳跃性”。什么是相邻分支的颜色要有“跳跃性”？跳跃性是指相邻分支的颜色色差要明显，对比度要高。

例如，如果思维导图的第一条主分支是红色的，那么第二条主分支就避免使用红色或与红色相关的颜色（粉红、玫红、暗红），因为同色系的分支不容易区分，而且容易造成视觉疲劳，如图7-1所示：

图7-1　相近颜色的分支布局

跳跃性的颜色可使大脑更容易放松，也更有视觉冲击力，思维导图也会显得更有力量，如图7–2所示：

图7–2 不同颜色的分支布局

《跟着颜色学词语》

儿童思维导图主题作品

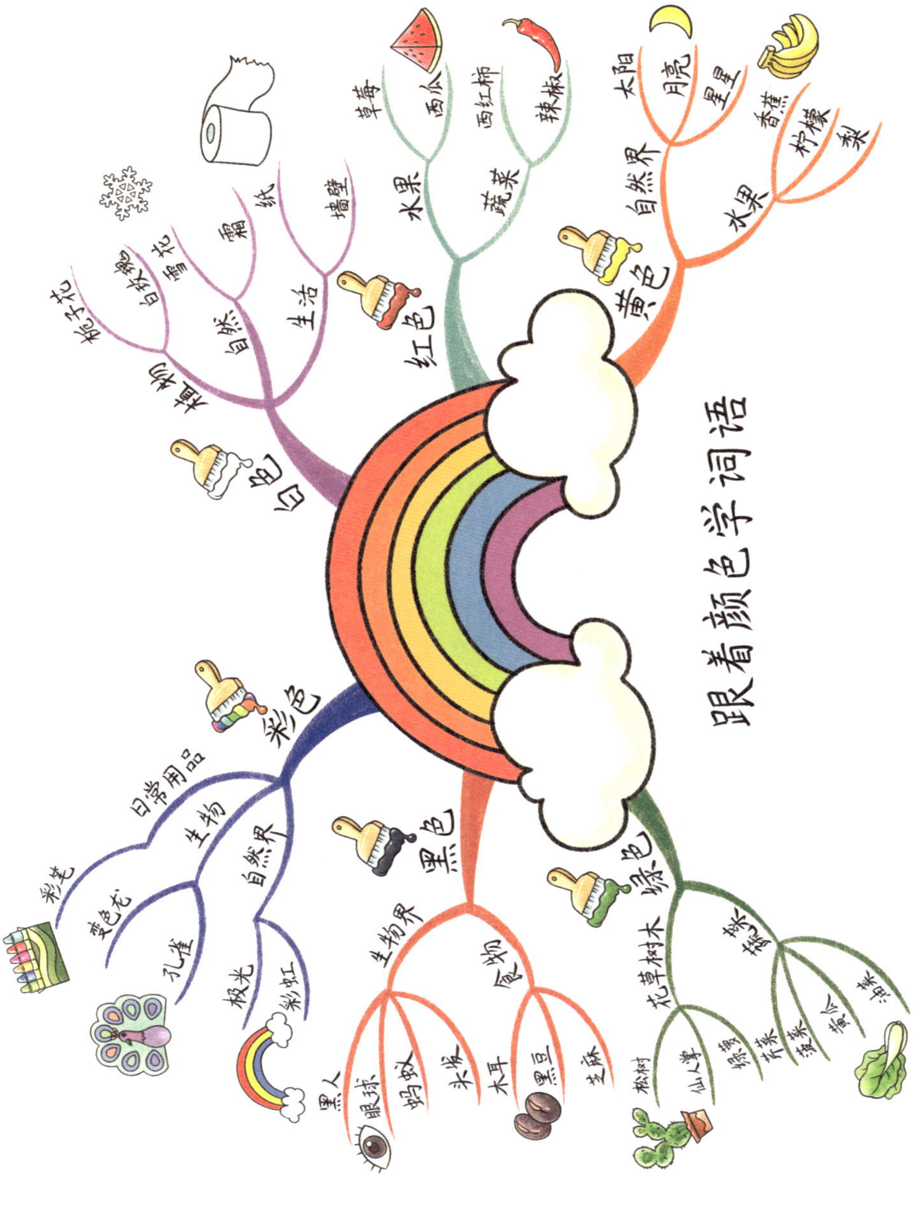

《我想养的宠物》

儿童思维导图主题作品

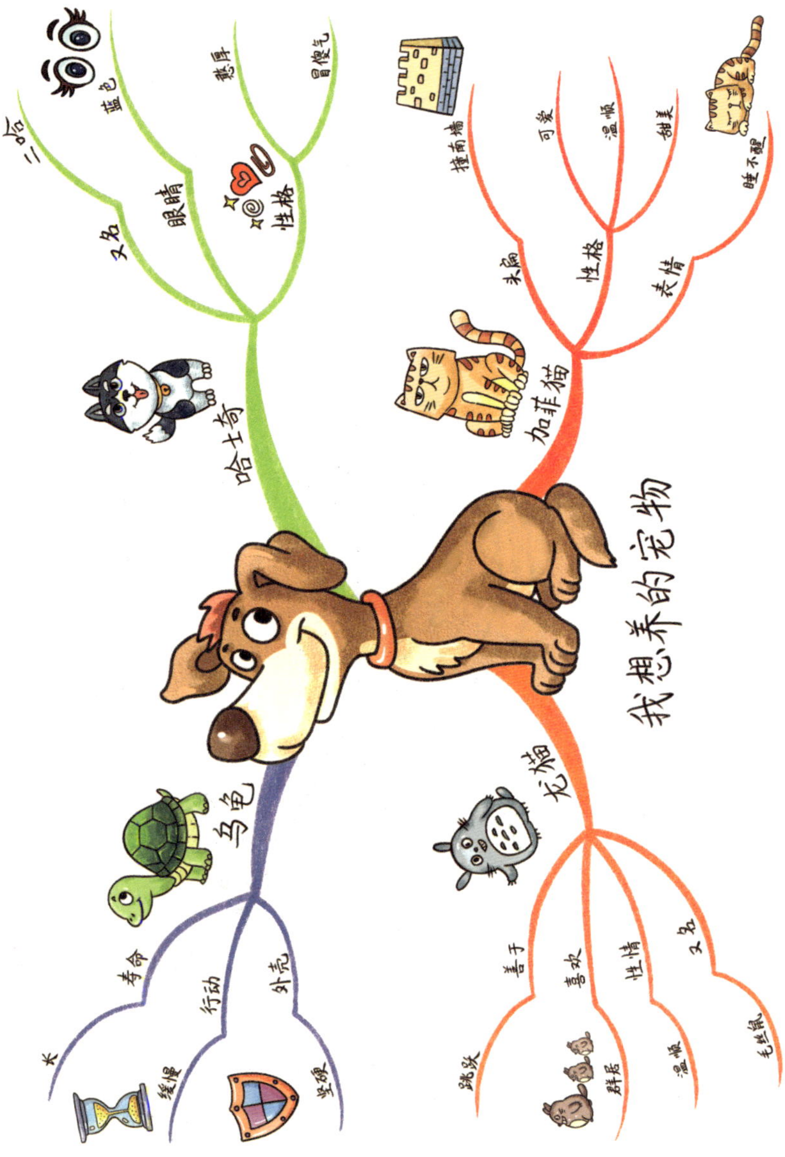

《垃圾分类》

儿童思维导图主题作品

家长教学卡

九宫格知识便利贴

1\. 凡高曾说：“没有不好的颜色，只有不好的搭配。”

2\. 颜色是通过眼、脑和我们的生活经验对光所产生的一种视觉效应。

3\. 每个人喜欢的颜色各有不同，对同一种颜色的心理反应也不一样，就跟不同的人会选择不同颜色和风格的衣服是一样的道理。

4\. 丰富的颜色可以让思维导图更有活力，集中大脑的注意力。

5\. 丰富的颜色可以缓解视觉疲劳，让大脑阅读思维导图时不觉得无聊。

6\. 丰富的颜色可以辅助分类，帮助大脑通过颜色快速辨识同类信息。

7\. 单色的思维导图枯燥，缺乏生命力。

8\. 彩色的思维导图更吸引大脑注意力。

9\. 相邻的两条主分支颜色不要重复，要有“跳跃性”。

家长操作指南

扫码听课→

第八章

把思维导图学以致用

- 画亲子思维导图的四个注意事项
- 时间管理——思维导图应用模型
- 词语积累——思维导图应用模型
- 阅读理解——思维导图应用模型
- 看图说话——思维导图应用模型
- 创意思考——思维导图应用模型
- 刻意练习的3F原则

快乐成长，共同进步

亲爱的家长朋友们，上一章我们的“思维列车”停靠在了“彩虹屋”站。我们知道了丰富的颜色可以让思维导图更有活力，大脑注意力更易集中，不仅可以缓解视觉疲劳，而且可以辅助分类信息。每经过一个站点，我们都会对思维导图有更深的认知和理解。这一章，我们的“思维列车”将停靠在本次旅行的最后一站“小萌象亲子乐园”站，让我们和孩子们一起成长，看到他们身上更多的可能性。

画亲子思维导图的四个注意事项

思考与学习是内在行为，不是肉眼所能观察到的。父母引导孩子学习的过程，是帮助孩子建立独立完整的自尊体系的过程。作为父母，我们不能苛求自己的孩子要像“别人家的孩子”一样，如果你的孩子与别的孩子没有什么不同，这才是“最可怕的事情”，这才是你最应该小心的。

5～8岁的孩子正处在大脑先天的视觉记忆、听觉记忆和感知记忆的黄金期，参与度高、体验感强、手脑并用的学习方式更容易激发孩子的学习热情和主观能动性。但是，亲子共创思维导图的过程并非简单的写写画画，更重要的是语言的引导和对儿童心理的把握，帮助孩子掌握工具、解决问题、培养孩子学习与思考的自信。

图8-1 思维导图作品

家长在引导孩子学习与练习思维导图的过程中有以下注意事项：

一、明确练习目的，主题由浅入深

思维导图不是美术课，画思维导图不是追求美观度，而是遵循规则解决问题。所以，在每次画思维导图前，我们一定要和孩子一起想清楚要解决的问题是什么。明确画每一幅思维导图的目的，让孩子有目标意识。假设我们要画的思维导图主题是“自我介绍”，我们就要围绕这个主题去问一些相关的问题，帮助孩子确定画这幅思维导图的目的和意义。比如：

“你知道什么是自我介绍吗？”

“你觉得向别人介绍自己对你有什么帮助？”

“让更多人了解你，交到更多朋友，你觉得好不好？”

“你知道我们为什么要画这幅思维导图吗？”

孩子有了明确的练习目标，在画思维导图时思考更有针对性。

另外，虽然“美观度”不是画思维导图要追求的目标，但是我们也要承认“美”的东西也会非常吸引大脑的注意力。所以，在孩子画思维导图时，我们也要肯定孩子有追求“美观度”的心理需求。随着孩子们画的思维导图越来越多，图像表达能力越来越强，所谓的“美观度”也会越来越高。

家长在给孩子选择思维导图的练习主题时，一定要由浅入深，从兴趣入手。我们都知道“兴趣是最好的老师”。用孩子感兴趣的话题作为练习的切入点，不仅有利于集中孩子的注意力，更有利于孩子快速思考完成练习，进而积累在工具应用上的自信心。

二、不批评，不评价，给予鼓励和肯定

任何人在学习一个新的方法和工具时，难免会有畏难情绪或不知所措。我们要接纳这种情绪和心理反应。因此，在孩子学习思维导图的过程中，对于他们的“不良反应”要保持不批评、不评价的中立态度。疏导他们的情绪，并给予正向引导。比如，孩子说：“太难了。我不知道要画什么。”我们可以这样回应他：“是的，这个练习可能对你来说确实有点

难。不过没关系。我们可以一起来想想办法。”接纳他的情绪，倾听他的感受，然后再引导孩子继续挑战。

除此之外，孩子在思维导图练习过程中的闪光点，也要给予及时的肯定和赞许，并给出二级反馈。什么是二级反馈？就是赞许他，并告诉他原因。比如，孩子在画思维导图的过程中使用了很多的关键图。我们可以这样嘉许孩子：“这幅思维导图真的很有趣，很形象。因为，你在分支上画了许多的关键图。我在看这幅思维导图时就不会觉得枯燥和无聊，反而觉得这幅思维导图充满创意，而且更容易记住了。”

三、用“指向型问题”引导孩子思考

低龄段孩子画思维导图的过程中，家长的引导是非常重要的。家长就像足球场上的教练，要把控好整个比赛的节奏和调动球员比赛的积极性。当孩子的思维停滞时，我们可以通过“指向型问题”给予充分的引导，帮助孩子找到突破口，树立信心。

什么是指向型问题？指向型问题是指引导大脑向某个范围进行针对性思考的问题。

例如，当孩子思考“我的学习”这个中心主题却不知道从哪个角度开始思考时，家长可以用下面这些指向型问题去引导孩子，帮助孩子找到思考的突破口。

“你平时都在上哪些课？”

“你最喜欢上什么课？”

“你最讨厌上什么课？”

“除了刚才这些课外，还有其他在学的课吗？比如，运动类的。”

“你觉得要想学习好，必须要具备哪些好习惯？”

“你有新的学习计划吗？”

“在学习中遇到困难，你会怎么办？”

“你觉得自己有哪些好的学习习惯？”

对于低龄段的孩子来说，指向型问题能够帮助他们快速锁定思考的方向，然后找到相关联的思考内容。除此之外，我们在引导孩子思考的过程中还要适当地结合开放型问题。我们还是以刚才的中心主题“我的学习”为例，家长可以用开放型问题这样去问孩子。

“你觉得应该从哪几个角度去思考？”

“提到学习你能想到什么呢？”

“其实跟学习相关的内容有很多，你一定能想得到。”

“你觉得你应该怎么想？”

对于孩子来说指向型问题要比开放型问题好回答。两者结合起来可以更好地帮助孩子慢慢学会如何思考，养成主动思考、积极思考的好习惯。

四、让孩子养成复述的好习惯

在第二章中我们有提到，当你学到一个新知识时，大脑中就会形成一个新的神经连接。一开始，这个神经连接相当脆弱和不稳定，但每次你对获得的新知识加以重复时，这一连接就会得到加强。重复加强大脑的神经连接有助于巩固学习和记忆效果。每次重复，大脑都会释放髓磷脂，这种物质会包裹住神经元，帮助信息更有效地传递，于是大脑在完成某项任务时就更为顺利。

因此，孩子每次画完思维导图后，家长不要急着把它们装进文件夹或贴在墙上，而是把思维导图平铺在桌面上，让孩子看着思维导图，从中心图开始，沿着右上角2点钟方向的第一条主分支把思维导图中的内容讲出来。每一次复述都是对思维导图中内容更深层次的理解和记忆。对于表达力偏弱的孩子，家长可以先讲一遍，然后再让孩子复述一遍；或者家长和孩子之间接龙，家长讲完一条分支，再让孩子讲下一条分支，共同完成这项复习任务。

养育、珍视、爱护每个孩子的成长个性并尊重孩子与其他孩子之间的差异。我们在强调孩子之间差别的同时，要向他们指出他们看问题的角度是如何的不同，也要积极鼓励和倡导这种差异。家长和孩子一起画思维导图能够帮助强化这种差异和共性。因为思维导图能够把孩子个性化的思考过程“可视化”，让家长真实感知到孩子的思维习惯，进而给予正确的帮助和引导。

以上就是我们在家画亲子思维导图时的四个注意事项。

时间管理——思维导图应用模型

会时间管理的孩子，效率高；不会时间管理的孩子，学习到深夜也是徒劳。美国的一项研究表明，孩子的时间管理能力直接影响学习成绩和效率。会时间管理的孩子，不仅效率高，还解放了父母，而孩子天生是不会时间管理的，都是靠后天培养的。

所以，提高孩子的时间管理能力，自然也离不开父母的帮助。

家长朋友可以借助思维导图时间管理模型，帮助孩子梳理一天要做的事情。帮助孩子形象化地认知时间，做事情有条理性，也能让孩子更深刻地理解什么是时间管理。

针对低龄段的孩子，有两个常用的思维导图管理模型——当日时间管理模型和一周时间管理模型，如图8-2、图8-3所示，操作简单，拿来就能用。

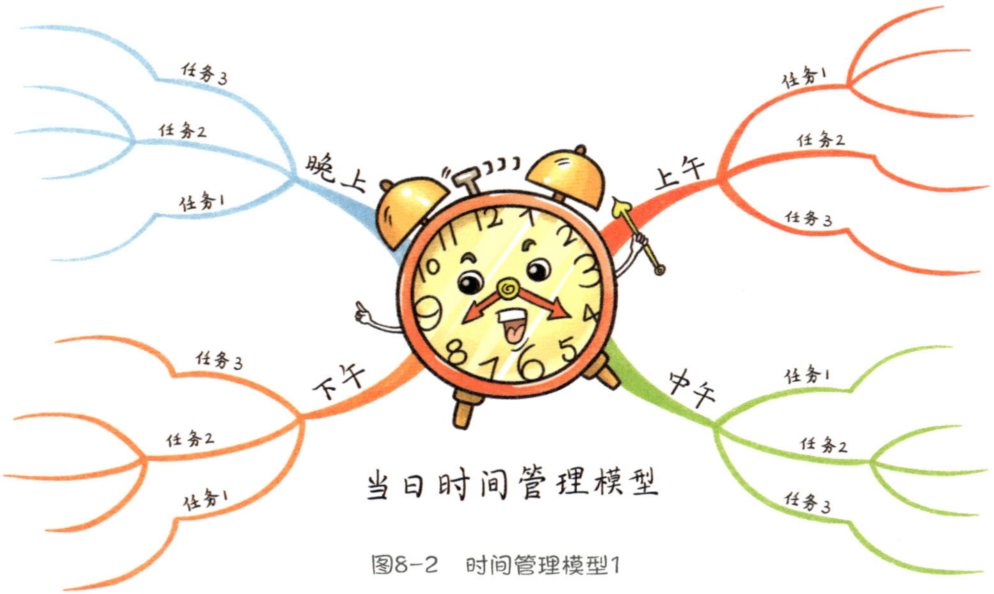

图8-2　时间管理模型1

图8-3　时间管理模型2

这里需要特别提醒家长一点，孩子画完当日或一周时间管理思维导图后，不要把思维导图直接装进文件夹，而是把思维导图贴在孩子房间内醒目的位置上，比如书桌桌面或靠近书桌的墙上。因为这幅思维导图就是孩子的“时间管理地图”，它的任务就是每天提醒孩子在什么时间做什么事情，潜移默化地帮助孩子学会管理好自己的时间。

好的学习习惯从时间管理开始，让我们一起行动起来，帮助孩子打造属于自己的“时间管理地图”。

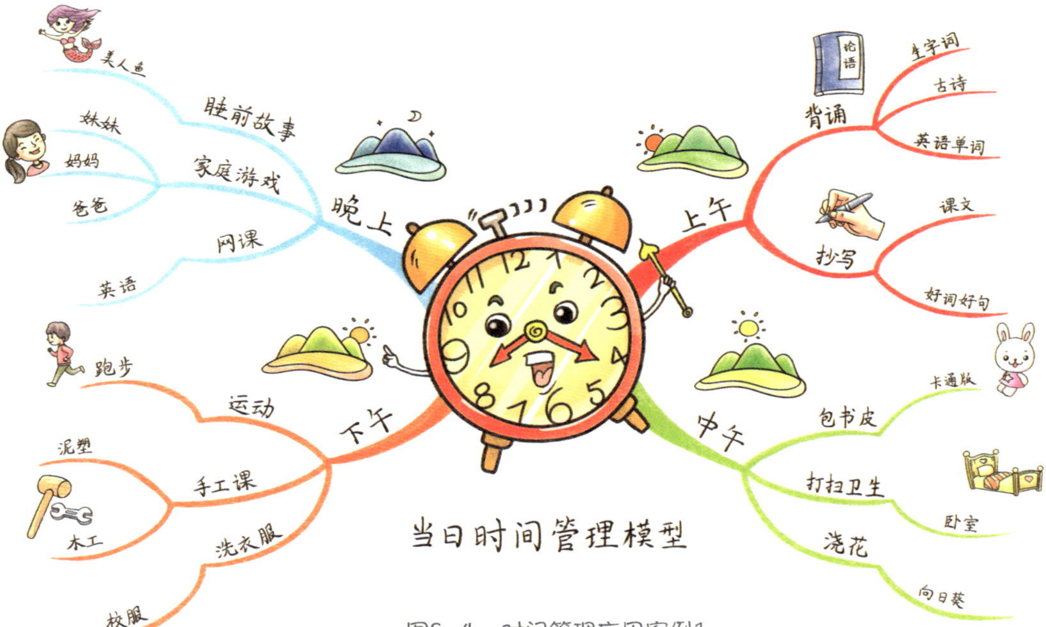

图8-4　时间管理应用案例1

图8-5 时间管理应用案例2

词语积累——思维导图应用模型

词语积累是低龄段孩子学好语言的基础。因为，词语组成句子，句子组成段落，段落组成文章。词语就像砖块，没有足够的词语积累，孩子就无法建设起语言的高楼大厦。要想孩子快速积累词汇量，家长就要帮助孩子养成“以点带面”的思维习惯，也就是发散性思维。

词语积累的模型有很多，下面我给大家展示几个常见词语的积累模型：

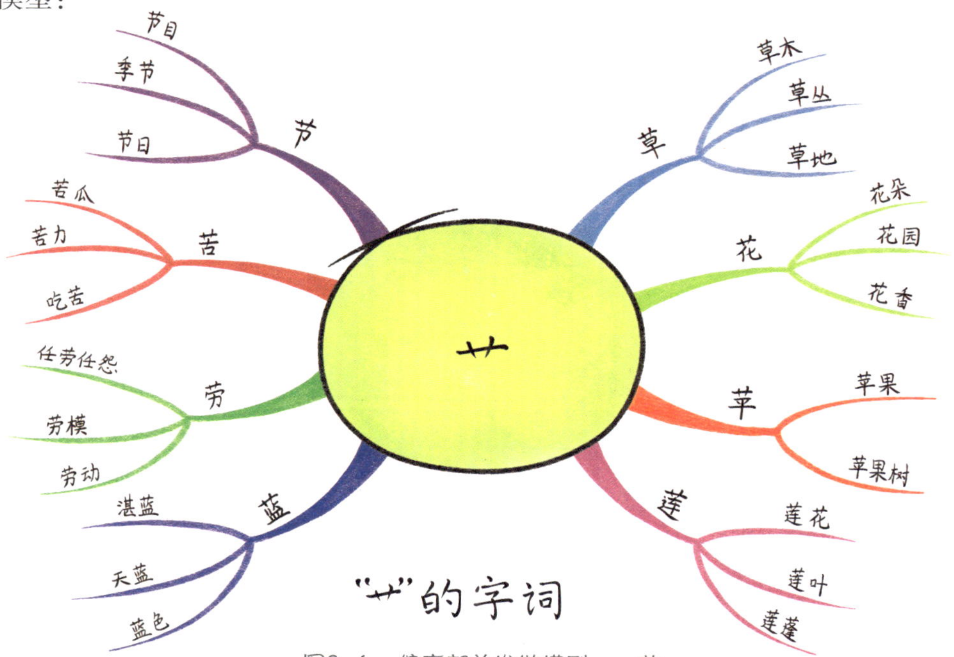

图8-6　偏旁部首发散模型——艹

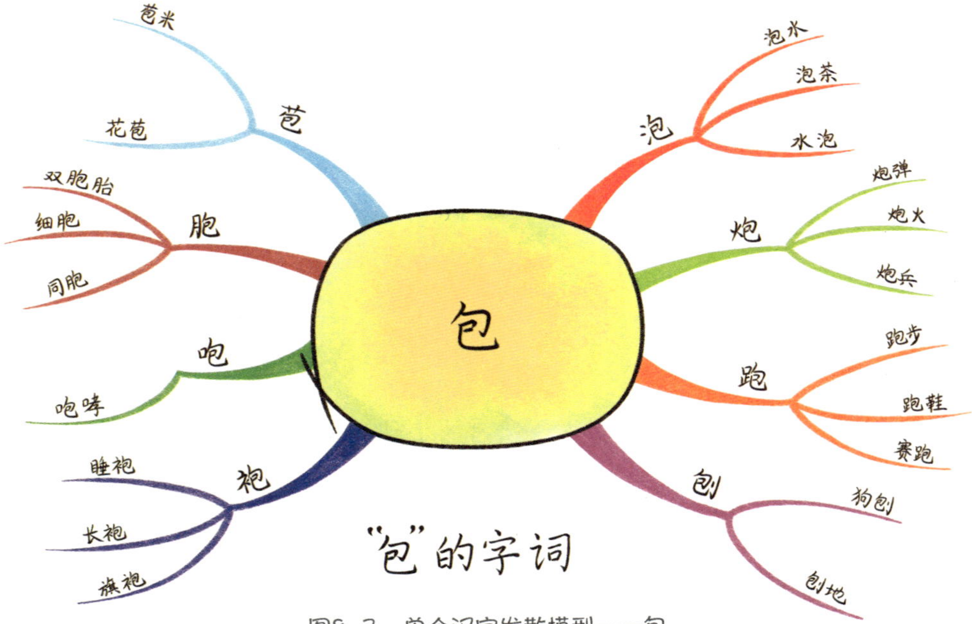

图8-7 单个汉字发散模型——包

图8-8 词语归类发散模型——描写春天的四字词语

阅读理解——思维导图应用模型

阅读理解能力是孩子归纳整理能力的体现。会归纳整理的孩子，思维逻辑清晰，语言组织能力强。低龄段孩子的阅读习惯大多从绘本或童话故事开始。其实，不管是哪一种语言载体，我们要想培养孩子的阅读理解能力，就需要让孩子把读过的文章或书籍进行归纳和整理，梳理出自己的“阅读地图”。

一篇文章就像一栋房子，不管它有多高，房子的基本框架结构几乎是不会变的。也就是说，阅读理解也是有基本“套路”的。低龄段孩子阅读内容多以故事为载体，我们可以参照记叙文的写作思路为孩子们打造一套简单、易用的阅读理解模型。

家长朋友们都知道记叙文的写作有六大要素，它们分别是：人物、时间、地点、起因、经过、结果。而这六大要素正好对应的就是阅读理解模型的六条主干，如图8-9所示：

图8-9 阅读理解思维导图模型

我们以《丑小鸭》这篇童话故事为例，参考阅读理解模型梳理出一幅一目了然的阅读地图。

丑小鸭

作者：安徒生（丹麦）

太阳暖烘烘的。鸭妈妈卧在稻草堆里，等她的孩子出世。

一只只毛茸茸的小鸭子从蛋壳里钻出来了，最后只剩下一个特别大的蛋。过了好几天，这个蛋才慢慢裂开，钻出一只又大又丑的鸭子。他的毛灰灰的，嘴巴大大的，身子瘦瘦的，大家都叫他“丑小鸭”。

丑小鸭来到世界上，除了鸭妈妈疼爱他，谁都欺负他。哥哥、姐姐咬他，公鸡啄他，猫吓唬他。丑小鸭感到非常孤单，就钻出篱笆，伤心地离开了家。

丑小鸭来到树林里，小鸟讥笑他，猎狗追赶他。他没有朋友，只好继续流浪。秋风瑟瑟地吹着，树叶飘落在丑小鸭身上，它孤零零地走着，走着，泪珠吧嗒吧嗒往下掉。

有一天，丑小鸭看见一个大湖，他跑过去，在湖水中自由自在地游起来。虽然湖水很凉，但丑小鸭却游得十分高兴，忘记了烦恼。忽然，他看见一群雪白的天鹅掠过湖面，向南方飞去。他们的样子那么高贵，姿态那么优雅，丑小鸭又惊奇又羡慕。

冬天到了，湖面上结了厚厚的冰。丑小鸭不能再游泳了，他又冷又饿，趴在湖边的芦苇丛中，昏睡过去，被一个农民救走了。

第二年春天，丑小鸭离开了农民的家，又来到了湖边。有几只天鹅落在他的周围，关切地看着他。“连你们也要嘲笑我吗?”丑小鸭心里想着，难为情地低下头。这一低头，让他大吃一惊。湖水中自己的影子，竟有着雪白的羽毛、长长的脖子。原来自己变成了一只美丽的天鹅!

周围的几只天鹅起飞了，丑小鸭也张开宽阔的翅膀，向远方发出“呜——呜——”的鸣叫，跟着自己的同伴，飞向高高的天空。

这时，鸭子、猫、公鸡仰望着天空，发出一声声赞叹：“啊，多美的天鹅！”“瞧，他们飞得多高！”大家不知道，在这群天鹅中，有一只，就是那曾被大家百般嘲笑过的丑小鸭。

图8-10 《丑小鸭》思维导图阅读笔记

孩子在第一次尝试使用这个模型去做阅读理解时，难免会遇到一些挑战和阻碍。毕竟阅读理解并非读课文这么简单，所以作为家长，我们要拿出足够的耐心协助孩子完成练习。而且在画完思维导图后，一定要让孩子看着思维导图把故事中的内容复述出来。只有讲出来的才是真正属于自己的。

看图说话——思维导图应用模型

看图说话有些类似于阅读理解，只是读的主体变成了“图”。文章中的句子有清晰的逻辑和想要表达的具体意思，而“图”是没有标准答案的。同样一幅图，不同的人在看完之后所理解的意思也有所不同。

看到一幅图，然后把自己所看到的、所理解的意思表达出来，是对图像“阅读理解”能力的一种体现，也是语言组织和写作能力的一种体现。

借助思维导图归纳整理在图中所看到的信息，可以帮助大脑一目了然地理清思路，说话更有逻辑性和条理性。

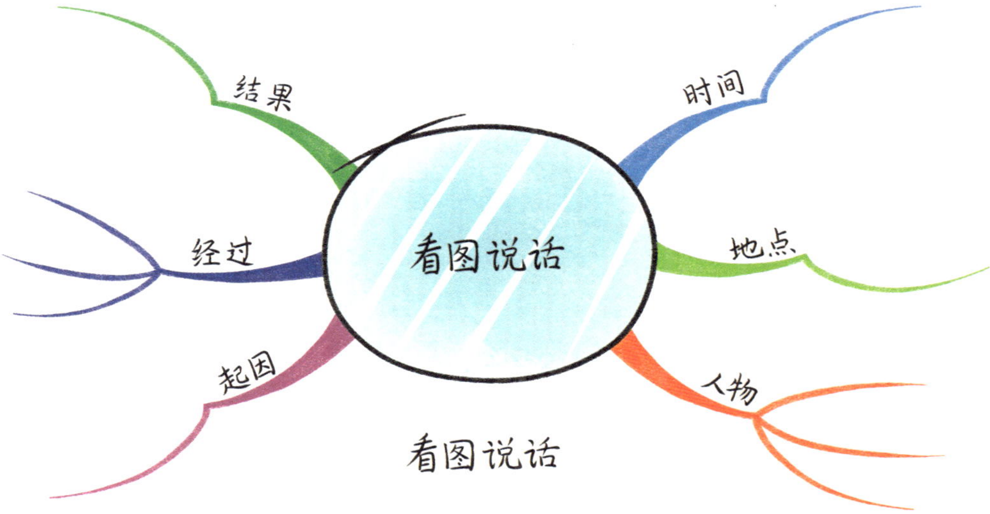

图8-11　叙事型——看图说话模型

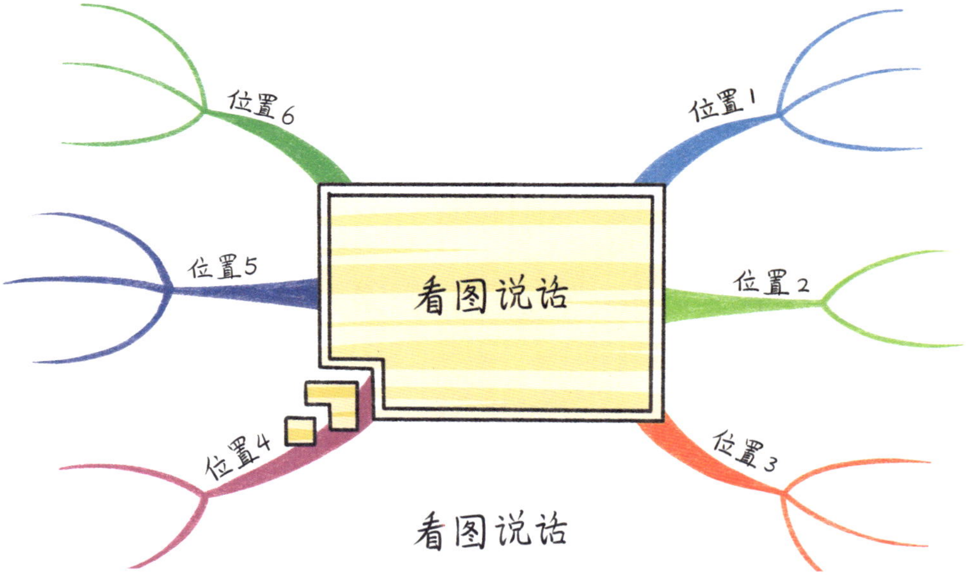

图8-12　写景型——看图说话模型

例1：叙事型图 —— 一只小小鸟

图8-13　叙事型图片素材

图8-14　一只小小鸟——看图说话思维导图

例2：写景型图 —— 野外

图8-15　写景型图片素材

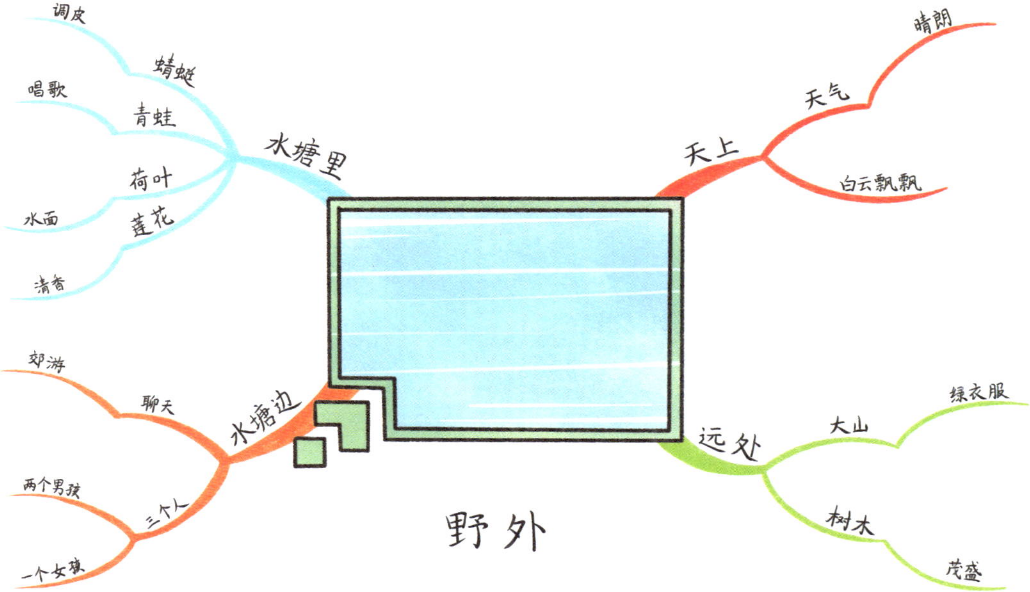

图8-16　野外——看图说话思维导图

创意思考——思维导图应用模型

头脑风暴（brain-storming）最早是精神病理学上的用语，是对精神病患者的精神错乱状态而言的，现在词意发展为无限制的自由联想和讨论，其目的在于产生新观念或激发新的设想。当一个人或一群人围绕一个特定的话题或兴趣领域产生新观点的时候，这种情境就叫作头脑风暴。头脑风暴是一种不纠结对与错的大脑自由发散性思维的过程。而我们获取新创意和想法的关键就在于打破惯性思维，不纠结对与错，大胆地去联想和想象。

家长可以和孩子选择一些有趣的、开放性的主题进行头脑风暴的练习，把各自的想法归纳、整理在一幅思维导图上，你会发现，在画思维导图的过程中，大脑会处在不断地有新发现和建立新关系的活跃状态中，你的想法将以几何级数倍增，从而激发你的创造性思维。一旦你体验到让思维自由驰骋带来的成就感，你会发现自己已然成为群策群力的高手，面对问题会更加游刃有余。

创意思考思维导图模型由两个部分组成：一个是中心图位置的九宫格，二是九宫格外围的分支结构，如图8-17所示：

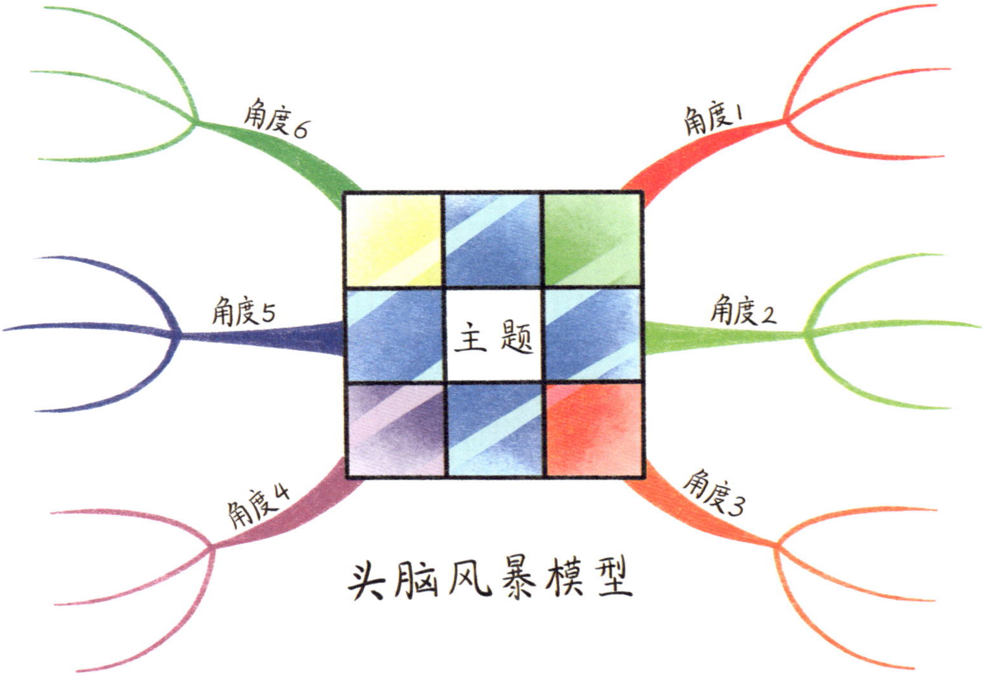

图8-17　头脑风暴模型

九宫格的主要功能是帮助大脑围绕中心主题发散性思维，找到思考的角度并进行基本的逻辑排序。外围的分支结构则主要负责把思考角度通过继续发散性思维展开更深层次的创意思考。

例：主题——未来地球

图8-18　思维导图——未来地球

刻意练习的3F原则

思维导图模拟的是大脑神经元的自然工作机制，反映了人类思维过程的创造性和发散性，用思维导图解决问题，能够更加聚焦问题的核心，同时也让你拥有丰富且全面的视角去看待问题。我们既可以用它“化繁为简”看透问题，又可以用它“以简驭繁”扩展问题。思维导图本身既是微观的，又是宏观的。

学习思维导图永远都不是“一蹴而就”的事情，就像学骑自行车，刚开始学会时可能骑得并不是特别稳当，甚至晃晃悠悠，更别提用自行车载货或载人了。随着我们练习的不断深入，自行车就会骑得越来越稳，我们再去载货或载人时才能更稳当和安全。

思维导图和大脑一样，用则立，不用则废。任何方法和工具类的学习，都离不开练习。安德斯·埃里克森博士是美国佛罗里达州立大学心理学教授，他在《刻意练习》一书中提到：杰出并非一种天赋，而是一种人人都可以学习的技巧，成为杰出人物的关键在于刻意练习，想要成功更是如此。

刻意练习中有个3F原则，即：

专注（focus）——聚焦在学习的目标上，管理大脑和身体的各种细微反应。

反馈（feedback）—— 发现问题，正视问题，找解决方案，不跌进消极情绪里。

纠正（fix it）—— 纠正错误和精进技巧，使自己的技能精益求精。

真正的学习在“行动”之后，加油。

《时间大餐》

儿童思维导图主题作品

《海底世界》

儿童思维导图主题作品

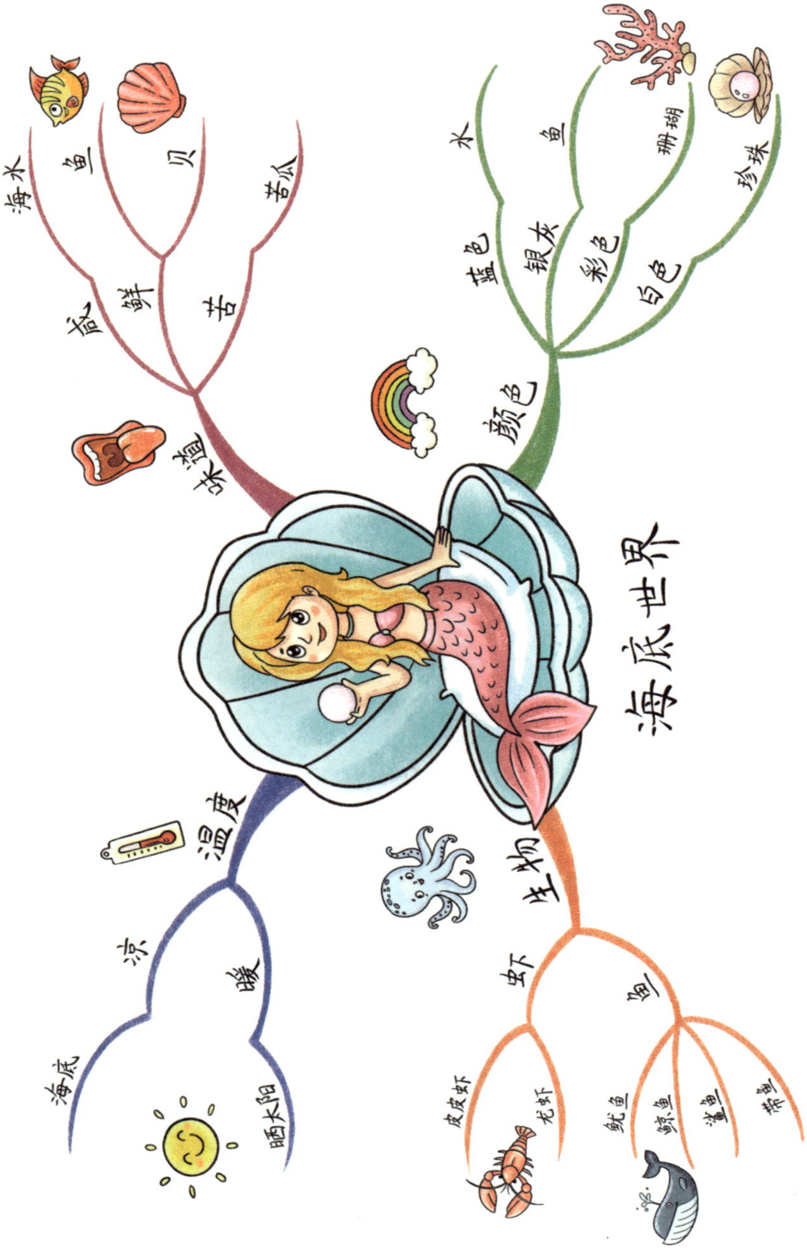

《迷路了》

儿童思维导图主题作品

《保护地球》

儿童思维导图主题作品

家长教学卡

九宫格知识便利贴

1.

亲子共创思维导图原则一：
明确练习目的，主题由浅入深。

2.

亲子共创思维导图原则二：
不批评，不评价，给予鼓励和肯定。

3.

亲子共创思维导图原则三：
用“指向型问题”引导孩子思考。

4.

亲子共创思维导图原则四：
让孩子养成复述的好习惯。

5.

思维导图可以帮助孩子形象化地认知时间，做事情有条理性，也能让孩子更深刻地理解什么是时间管理。

6.

要想孩子快速积累词汇量，家长就要帮助孩子养成“以点带面”的思维习惯，也就是发散性思维。

7.

会归纳整理的孩子，思维逻辑清晰，语言组织能力强。

8.

借助思维导图归纳整理在图中所看到的信息，可以帮助大脑理清思路，说话更有逻辑性和条理性。

9.

头脑风暴是一种不纠结对与错的大脑自由发散性思维的过程。

亲子共创
思维导图
注意事项
明确主题
由浅入深
少批评
多鼓励
指向型问题
引导思考
养成
复述习惯
时间管理
当日时间管理模型
一周时间管理模型
词语积累
偏旁部首发散模型
单个汉字发散模型
词语归类发散模型
创意思考
头脑风暴模型
发散思维
看图说话
写景型——看图说话模型
叙事型——看图说话模型
阅读理解
整理
归纳

家长操作指南

扫码听课→